高等职业教育艺术设计类专业新形态教材

U0325384

PHOTOSHOP GRAPHIC DESIGN CLASSIC EXAMPLE TUTORIAL

Photoshop
图形图像处理项目教程

主　编　伍江华　高欣怡　黄纬维
副主编　覃　剑　谭小凤　郑义海　李　斌　李天军　陈泳江
　　　　梁天凤　吕　威　钱秀芳
参　编　罗燕梅　彭　楹　王津津　杜显发　李晓华　梁　桃
　　　　李士丹　许业进　李　莉　杨　靖　申惠敏
主　审　胡小玲

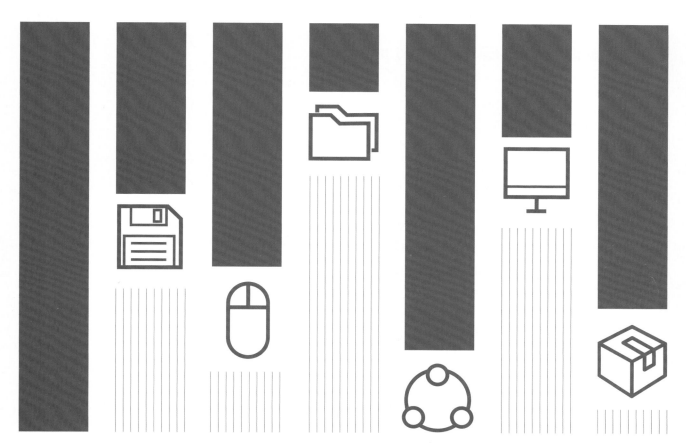

北京理工大学出版社
BEIJING INSTITUTE OF TECHNOLOGY PRESS

内容简介

　　本书以 Photoshop CC 2020 版为基础，按照项目化教学方法编写，从零开始讲解 Photoshop 软件的各类知识和操作方法，过程中穿插不同的案例实战，内容由浅入深、循序渐进。全书以"图形图像处理的基本概念""Photoshop CC 2020 基本操作""Photoshop CC 2020 常见工具的使用""图层的应用""通道、蒙版、滤镜的应用""室内外效果图的后期处理"这六大项目展开，着重于学生实际应用能力的培养。

　　本书可作为高等院校及各类社会培训学校的图形图像处理软件 Photoshop CC 2020 教材，也可供 Photoshop 设计的初学者及具有一定 Photoshop 基础的爱好者参考。

图书在版编目（CIP）数据

Photoshop 图形图像处理项目教程／伍江华，高欣怡，黄纬维主编 .—北京：北京理工大学出版社，2020.8（2022.1 重印）

ISBN 978-7-5682-8955-9

Ⅰ.①P…　　Ⅱ.①伍…②高…③黄…　　Ⅲ.①图像处理软件－高等学校－教材　　Ⅳ.①TP391.413

中国版本图书馆 CIP 数据核字（2020）第 159782 号

出版发行／北京理工大学出版社有限责任公司

社　　　址／北京市海淀区中关村南大街5号

邮　　　编／100081

电　　　话／（010）68914775（总编室）

　　　　　　（010）82562903（教材售后服务热线）

　　　　　　（010）68944723（其他图书服务热线）

网　　　址／http://www.bitpress.com.cn

经　　　销／全国各地新华书店

印　　　刷／河北鑫彩博图印刷有限公司

开　　　本／889毫米×1194毫米　1/16

印　　　张／11　　　　　　　　　　　　　　　　　　　责任编辑／王晓莉

字　　　数／333千字　　　　　　　　　　　　　　　　文案编辑／王晓莉

版　　　次／2020年8月第1版　2022年1月第4次印刷　　责任校对／周瑞红

定　　　价／59.00元　　　　　　　　　　　　　　　　责任印制／边心超

图书出现印装质量问题，请拨打售后服务热线，本社负责调换

PREFACE
前　言

　　Photoshop作为首屈一指的专业数字图像处理软件，已广泛应用于平面艺术设计、环境艺术设计、数码摄影、出版印刷、数字网络、影视后期等诸多领域。学习Photoshop除可以掌握其强大的功能外，还能极大地提升学生对数字艺术设计的兴趣，同时可以为学习其他设计软件（如三维立体、平面绘图、影视类软件）打下良好的基础。

　　本书编者依据多年教学经验，制定出更贴合图形图像处理课程的教学内容，并利用Photoshop目前最新的版本Photoshop CC 2020作为载体，激发学生的学习兴趣，提高学习效率。本书以项目驱动的教学模式编排课程内容，根据每个项目需要掌握的任务点来安排相应的案例实战练习。在每个案例中，先展示效果图，使学生了解所完成的目标。接下来，列举每个操作步骤的重点和主要内容，然后对相应的知识展开系统的讲解。本书具有如下特点：

　　（1）软件版本先进。本书以目前最前沿的图形图像处理软件Photoshop CC 2020为蓝本，用丰富的案例实战，介绍数字平面设计的基本知识和操作技能。

　　（2）知识点基础实用。在内容安排上，本书以6个项目、25个任务、28个案例实战展开。每个项目介绍一大类知识技能，通过任务驱动及案例实战运用相关的知识，以"零基础"作为学习的开端，将"必须掌握"作为教学原则，降低理论知识的难度，体现技能操作上的循序渐进。最后一个项目以Photoshop在环境艺术设计领域中室内外效果图的后期处理应用为主线，对常见的任务制作过程和相关知识进行了介绍，提高了本书在专业领域的实用性。

　　（3）配备内容丰富的教学资源包。本书配备了包括教学课件、知识点讲解使用素材、案例实战教学视频、案例实战素材及效果图等内容的教学资源包，为老师备课提供全方位的服务，读者可通过扫描右侧的二维码进行下载获取（提取码：332J）。

　　书中瑕疵之处，敬请读者批评指正。

编　者

CONTENTS
目录

图形图像处理基础知识

任务1.1 认识Photoshop CC 2020

知识要点：认识 Photoshop CC 2020 及其应用领域。

1.1.1 Photoshop简介

Photoshop 是美国 Adobe 公司出品的国际上最流行、最优秀、应用最广泛的图像处理软件。其主要处理以像素构成的数字图像，可以制作出完美的合成图像，也可以对照片进行修复，还可以制作出精美的图案设计、专业印刷设计、网页设计、包装设计等，可谓无所不能。

Photoshop CC 2020 版本发布于 2019 年 10 月，该版本提供集图像制作、图像扫描、编辑修改、广告创意、图像输入与输出于一体的功能。另外，全新的专用"内容识别填充"工作区可以为使用者提供交互式编辑体验，进而让使用者获得无缝的填充结果。Photoshop CC 2020 在上一版本 Photoshop CC 2019 的基础上对功能进行了改进并且增加了很多新功能，包括：新增可轻松实现蒙版功能的"图框工具"，只需要将图像置入图框，即可轻松地遮住图像；使用"图框工具"（K）可快速创建矩形或椭圆形占位符图框。借助 Adobe Sensei 技术，

使用者可以选择要使用的源像素，并且可以旋转、缩放和镜像源像素。使用 Photoshop CC 2020 可以将使用者想象中的内容制作出来，利用直观的工具和易用的模板，即使是入门新人也可以轻松上手。

1.1.2 Photoshop常用的领域

平面广告设计为 Photoshop 最常应用的领域，无论是我们正在阅读的图书封面、报纸广告，还是大街上看到的 DM 传单、海报，这些具有丰富图像的平面印刷品，基本上都需要用 Photoshop 软件进行处理，如图 1-1-1 和图 1-1-2 所示。

通过 Photoshop 的修饰功能，可完全满足数码照片的后期处理，如修复照片瑕疵、调整色调、添加丰富的图形等，让照片更加完美，如图 1-1-3 和图 1-1-4 所示。

插画设计以绘画艺术的表现技法，结合 Photoshop 的绘图和上色功能，可以绘制各种图形并添加丰富色彩，展现出电脑绘制的插画效果，如图 1-1-5 和图 1-1-6 所示。

网页设计可在网络中传递信息的同时给人以更好的视觉享受，通过 Photoshop 可对网页进行布局排版、优化图像，并将其应用于网络，如图 1-1-7 所示。

Photoshop 在室内设计和建筑设计里面是起到后期处理作用。它的后期处理作用有两个方面，一是修复设计者设计出来的图片的感光；二是处理一些微细的不足之处，因图而异，如图 1-1-8 所示。

图 1-1-1　平面印刷品（一）

图 1-1-2　平面印刷品（二）

图 1-1-3　数码照片后期处理（一）

图 1-1-4　数码照片后期处理（二）

图 1-1-5　插画效果（一）

图 1-1-6　插画效果（二）

图 1-1-7　网页设计

图 1-1-8　室内设计与建筑设计

任务1.2 图形图像处理基本概念

知识要点： 了解图形图像处理常用术语。

为了便于学习 Photoshop，下面介绍几个在图像处理过程中最常遇到的术语，如位图、矢量图、像素与图像分辨率、图像颜色模式和图像文件格式等。

1.2.1 位图与矢量图

图像有位图和矢量图之分。严格地说，位图被称为图像；矢量图被称为图形。它们之间最大的区别就是位图放大到一定比例时会变得模糊，而矢量图则不会。

（1）位图。位图是由许多细小的色块组成的，每个色块就是一个像素，每个像素只能显示一种颜色。像素是构成位图的最小单位，放大位图后可看到它们，这就是人们平常所说的马赛克效果，如图 1-2-1 所示。

显示比例为100%时的显示效果　　显示比例为400%时的显示效果

图 1-2-1　位图的显示效果

在日常生活中，所拍摄的数码照片、扫描的图像都属于位图。与矢量图相比，位图具有表现力强、色彩细腻、层次多且细节丰富等优点；位图的缺点是文件占用的存储空间大，且与分辨率有关。

（2）矢量图。矢量图主要是用诸如 Illustrator、CorelDraw 等矢量绘图软件绘制得到的。矢量图具有占用存储空间小、按任意分辨率打印都依然清晰（与分辨率无关）的优点，常用于设计标志、插画、卡通和产品效果图等。矢量图的缺点是色彩单调，细节不够丰富，无法逼真地表现自然界中的事物。图 1-2-2 显示了矢量图放大前后的效果对比。

显示比例为100%时的显示效果　　显示比例为600%时的显示效果

图 1-2-2　矢量图的显示效果

以表（表 1-2-1）的形式来对比位图和矢量图的优缺点。

表 1-2-1　位图与矢量图的对比

图像类型	组成	优点	缺点	常用软件
位图图像（点阵图像）	像素	图像色彩丰富，能够逼真地表现自然界的景象	缩放和旋转容易失真，文件容量较大	Photoshop、Windows 画图等
矢量图图像	数学向量	文件容量较小，在进行放大、缩小或旋转等操作时，图像不会失真	不易制作色彩变化太多的图像	Illustrator、Flash、CorelDraw

1.2.2 像素与图像分辨率

（1）像素：如前所述，像素是组成位图图像最基本的因素，每个像素只能显示一种颜色，共同组成整幅图像。

（2）图像分辨率：通常是指图像中每平方英寸[①] 所包含的像素数，其单位是"像素/英寸"。一般情况下，如果希望图像仅用于显示，可将其分辨率设置为 72 dpi 或 96 dpi（与显示器分辨率相同）；如果希望图像用于印刷输出，则应将其分辨率设置为 300 dpi 或更高。

小 结

　　分辨率与图像的品质有着密切的关系。当图像尺寸固定时，分辨率越高，意味着图像中包含的像素越多，图像也就越清晰，相应地，文件也会越大；反之，分辨率较低时，意味着图像中包含的像素越少，图像的清晰度自然也会降低，相应地，文件也会变小。

---

① 1英寸＝2.54 cm。

任务1.3　Photoshop CC 2020
工作界面

知识要点：认识工作界面、菜单栏、工具箱、面板。

1.3.1　启动和关闭Photoshop CC 2020

在处理图像之前必须启动 Photoshop CC 2020，启动与关闭的方法如下：

（1）启动 Photoshop CC 2020：执行"开始"—"程序"—"Adobe Photoshop 2020"命令或直接双击计算机桌面上的 Adobe Photoshop 2020 图标，如图 1-3-1 所示。

图 1-3-1　双击启动 photoshop CC 2020

（2）关闭 Photoshop CC 2020 的三种方法：执行"文件"—"退出"命令；单击界面右上角的"关闭"按钮；按快捷键 Ctrl+Q，如图 1-3-2 所示。

1.3.2　Photoshop CC 2020的认识

Photoshop CC 2020 的工作页面如图 1-3-3 所示。

图 1-3-2
关闭 Photoshop CC 2020

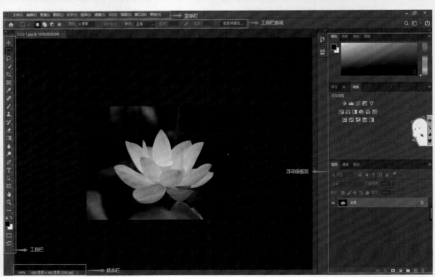

图 1-3-3
Photoshop CC 2020 的工作页面

1．了解菜单栏

Photoshop CC 2020 的菜单栏由 11 组菜单组成。在菜单名称上单击就可以打开相应的下级菜单，选择后即可应用，通过菜单栏中的各项命令可以完成图像的各种处理，如图 1-3-4 所示。

2．认识工具箱和工具选项栏

工具箱将 Photoshop CC 2020 的功能以图标的形式聚集在一起，可以从各个工具的形态和名称了解该工具的功能，Photoshop CC 2020 还为每个工具设置了相应的快捷键，让工具的选择更加方便，并使工具之间的切换变得更加快捷。

打开（或关闭）工具箱：如果工具箱不小心被关闭了，可以执行"窗口"—"工具"命令，将其勾选即可以打开工具箱（"关闭时取消勾选"），如图 1-3-5 所示。

在 Photoshop 默认情况下，工具箱在工作界面左侧以单列的形式显示，如图 1-3-6 所示，如果在工具箱上方单击双箭头，可以切换工具箱以双列形式显示，如图 1-3-7 所示。

如果使用鼠标在工具箱上方的深灰色条上单击并拖曳，即可将工具箱以浮动面板的方式显示，并可以将其拖曳到界面中任意位置，如图 1-3-8 所示。

在 Photoshop 默认情况下，工具栏在工作界面左侧以单个命令的形式显示，如图 1-3-6 所示，如果在工具栏右下方单击鼠标右键，可以切换工具栏其他工具命令选项，如图 1-3-9 所示。

打开（或关闭）工具选项栏：执行"窗口"—"选项"命令，将其勾选即可以打开工具选项栏（"关闭时取消勾选"），如图 1-3-10 所示。

3．认识工作区切换器

Photoshop CC 2020 有六个默认工作区（界面的右上角）："基本功能""3D""图形和 Web""动感""绘画""摄影"。打开 Photoshop CC 2020 应用程序时默认显示为常用的"基本功能"工作区，如图 1-3-11 所示。

4．面板简介

面板汇集了 Photoshop 操作中常用的选项和功能，在"窗口"菜单中提供了 20 多种面板命令，选择"面板"命令就可以在工作界面中打开相应的面板。利用工具箱中的工具或菜单栏中的命令编辑图像后，使用面板可以进一步细致地调整各选项，将面板中的功能应用到图像上，如图 1-3-12 所示。

图 1-3-4 菜单栏

图 1-3-5 打开　　图 1-3-6 单列显示　　图 1-3-7 双列显示
工具箱

图 1-3-8 拖曳工具箱

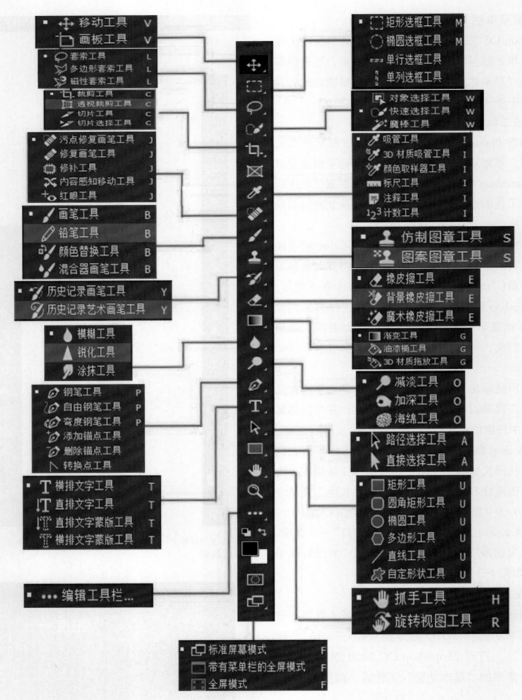

图 1-3-9 切换工具栏其他命令

工具选项栏（在工具箱选择一个工具时所需要设置的一些选项）

图 1-3-10 打开（或关闭）工具选项栏

注：不同的工作区只是展开不同的控制面板，以便于操作不同的作业，其软件功能是相同的。

图 1-3-11 "基本功能"工作区

图 1-3-12 面板

任务1.4 工作区的设定

知识点：选择不同工作区、拆分/组合面板、存储工作区、删除工作区。

1.4.1 工作区基本操作

创建和自定义自己的工作区，根据自己的需求，选择适合作业的工作区，通过关闭、显示、组合各控制面板等自定义，保存该工作区。

单击"基本功能"按钮打开隐藏的菜单，选择"新建工作区"对话框中输入名称，单击"储存"按钮关闭对话框保存自定义工作区，如图 1-4-1 所示。

当将 Photoshop 软件关闭，下次启动软件时，将会看到刚刚自定义的工作区，如图 1-4-2 所示。若想切换到创建的其他自定义工作区或默认的工作区，可以单击"显示更多工作区和选择"按钮，选择想要的工作区，如图 1-4-3 所示。

图 1-4-1 新建工作区

图 1-4-2 打开已建工作区

显示更多工作区和选择"按钮

图 1-4-3　切换工作区

（3）重组控制面板：编辑图像时可以将不常用的控制面板关闭，并将常用的面板重新组合，这样可以增大图像显示区域，如图 1-4-6 所示。

图 1-4-4　关闭或折叠起控制面板

1.4.2　自定义自己的工作区

通过控制面板的关闭和显示，Photoshop 中所有的控制面板都可以根据自己的需求关闭和显示。

（1）为了增大图像显示区域，可关闭或折叠起不常用的控制面板。将光标放在某控制面板（组）上面的灰色区域，按住鼠标左键拖动到某一位置后放开鼠标左键使面板浮动起来，然后单击面板右上角的关闭按钮。也可以将该面板折叠起来变小，如图 1-4-4 所示。

（2）显示控制面板：要使某控制面板显示，则打开"窗口"下拉菜单，单击要显示的控制面板名称将其勾选。如果名称后有快捷键，按相应快捷键也可以打开或关闭该面板，如图 1-4-5 所示。

图 1-4-5　显示控制面板

图 1-4-6　重组控制面板

Photoshop CC 2020 基本操作

任务2.1 Photoshop CC 2020对文件的基本管理

图 2-1-1 新建文件

知识要点： 新建文件、打开文件、置入文件、保存文件、关闭文件、图框工具。

文件的基本操作包括新建、打开、置入、保存及关闭等。

2.1.1 新建文件

通常情况下，要处理已经有的图像，只需要在 Photoshop 中将现有的图像打开即可。但如果是制作一张新图像，就需要在 Photoshop 中新建一个文件。

通过"文件"菜单中的"新建"命令可以建立一个新的文件。执行"文件"—"新建"命令打开"新建"对话框。启动 Photoshop CC 2020 时，欢迎界面出现"新建""打开"两个选项，单击"新建"按钮，如图 2-1-1 所示。在该对话框中可以设置文件的类型、名称、宽高度、分辨率、颜色模式及背景色等，如图 2-1-2 所示。

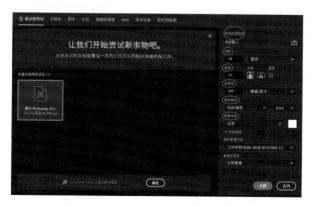

图 2-1-2 文件设置

（1）预设类型：可单击图 2-1-2 中上方的菜单栏（图 2-1-3），选择内置的常用尺寸，主要有照片、打印、图稿和插画、Web、移动设备、胶片和视频 6 种类型。

选中具体类型后，都有相对应内置的各种尺寸。

（2）预设详细信息：可按照个人需要为新建文件命名，系统默认情况下名称为"未标题 -1"，如图 2-1-2 所示。

（3）大小：可自定义设置，包括宽度和高度，并可以修改尺寸单位，可选择像素、英寸、厘米、毫米、点、派卡。也可以设置页面的方向，勾选是否为画板，如图 2-1-3、图 2-1-4 所示。

（4）分辨率：用来设置文件的分辨率。一般情况下，图像的分辨率越高，印刷出的质量就越好。分辨率可选择像素 / 英寸、像素 / 厘米，如图 2-1-5 所示。

（5）颜色模式：设置文件的颜色模式及相应的颜色深度。颜色模式有位图、灰度、RGB 颜色、CMYK 颜色、Lab 颜色 5 种类型，如图 2-1-6 所示；深度有 8 bit、16 bit、32 bit 3 种级别，如图 2-1-7 所示。

（6）背景色：背景内容有白色、黑色、背景色、透明、自定义 5 种类型，如图 2-1-8 所示。新建选项中还有高级选项，主要用于更专业的出图设置，如图 2-1-9 所示。在 Photoshop 中，灰白格子图案代表透明，如图 2-1-10 所示。

图 2-1-3　预设类型

图 2-1-4　预设页面方向

图 2-1-5　预设尺寸单位

图 2-1-6　颜色模式

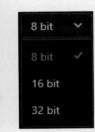

图 2-1-7　深度级别

图 2-1-8　背景内容

图 2-1-9　高级选项

图 2-1-10　代表透明的灰白格子图案

　小技巧：新建文件快捷键：Ctrl+N。

2.1.2　打开文件

前面已经介绍了新建文件的方法，如果需要对已有的图像文件进行编辑，那么就需要在 Photoshop CC 2020 中将其打开才能进行操作。

方法一：启动 Photoshop CC 2020 时，欢迎界面会出现新建、打开两个选项。可执行"打开"命令，或拖曳文件至虚线框内，如图 2-1-11 所示。

方法二：执行"文件"—"打开"菜单命令，然后在弹出的"打开"对话框中选择需要打开的文件，接着单击"打开"按钮或双击文件即可在 Photoshop 中打开该文件，如图 2-1-12 所示。

方法三：选择一个需要打开的文件，然后将其拖曳到 Photoshop 的快捷图标上，如图 2-1-13 所示。

方法四：选择一个需要打开的文件，然后单击鼠标右键，接着在弹出的菜单中执行"打开方式"→"Adobe Photoshop CC 2020"命令，如图 2-1-14 所示。

图 2-1-11　打开文件（一）

方法五：如果已经运行了 Photoshop，无文件时，可以直接将需要打开的文件拖曳到 Photoshop 的窗口中，出现复制字样，则打开文件成功，如图 2-1-15 所示。

提示：文件从外部拖曳进入 Photoshop 时，如已打开了其他文件，可拖曳至其他文件的标题栏旁，会出现复制字样，表示并列排放文件，如图 2-1-16 所示。如拖曳至文件窗口中，则置入已有文件中，并建立新的图层在上方，与置入功能相同。

图 2-1-12　打开文件（二）

图 2-1-13　打开文件（三）

图 2-1-14　打开文件（四）

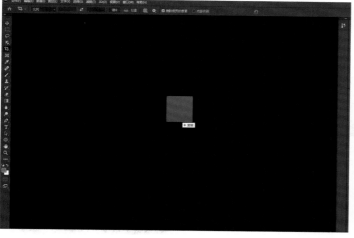

图 2-1-15　打开文件（五）

图 2-1-16　并列排放文件

小技巧：打开文件快捷键：Ctrl+O。

2.1.3 置入文件

置入文件是将照片、图片或任何 Photoshop CC 2020 支持的文件作为智能对象添加到当前操作的文档中。

范例：新建一个文档以后，执行"文件"—"置入嵌入对象 / 置入链接的智能对象"命令，然后在弹出的对话框中选择好需要置入的文件，即可将其置入 Photoshop CC 2020，如图 2-1-17 所示。

范例：新建 A4 大小空白文件，置入文件（梅花 .jpg），置入的文件会出现选框与变换点，鼠标单击变换点按住向内向外拖动，可缩小放大文件。也可单击文件中任意一处移动对象，确定大小与位置后在上方选结束操作，如图 2-1-18 所示。

提示：一般置入文件超过原有文件大小，不超过已有文件最大边等比例缩放，但不影响置入文件的本身的大小，因此置入为智能对象。

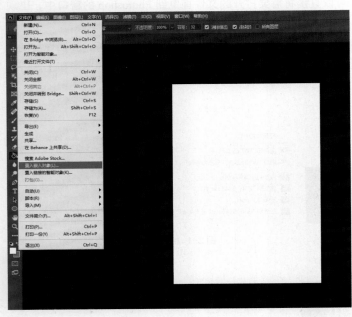

图 2-1-17　置入文件

图 2-1-18　缩放或移动置入文件

2.1.4 保存文件

当对图像进行编辑以后，就需要对文件进行保存。如果不保存文件，那么所做的所有工作都将前功尽弃。

当使用者的文件做了修改，未保存时文件标题后会显示＊，表示操作后未保存，如图 2-1-19 所示。当文件编辑完成以后，可以执行"文件"—"存储"命令，将文件保存起来，如图 2-1-20 所示。

图 2-1-19　未保存标志

图 2-1-20　保存对话框

Photoshop CC 2020 选择保存时，会出现弹出询问对话框，选择保存到云文档或保存在计算机上，可勾选不再显示，如图 2-1-21 所示。

如果需要将文件保存到另一个位置或使用另一文件名进行保存时，这时就可以通过执行"文件"—"存储为"命令来完成。

在使用"存储为"命令另存文件时，Photoshop

会弹出"存储为"对话框。在该对话框中可以设置另存为的文件名和另存格式等。

文件保存格式就是储存图像数据的方式，它决定了图像的压缩方法、支持何种 Photoshop 功能及文件是否与一些文件相兼容等。利用"存储"和"存储为"命令保存图像时，可以在弹出的"另存为"对话框中选择图像的保存格式，如图 2-1-22 所示。

图 2-1-21　保存位置选择

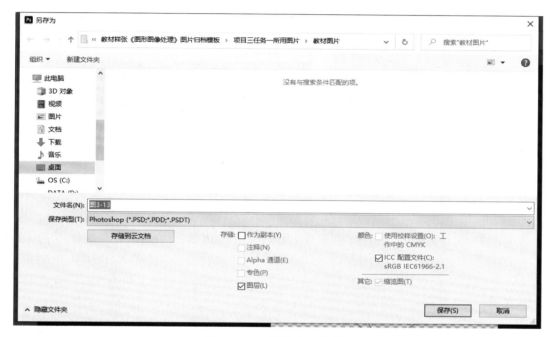

图 2-1-22　"另存为"对话框

PSD：PSD 格式是 Photoshop 的默认储存格式，称为源文件，PSD 格式能够保存图层、蒙版、通道、路径、未栅格化的文字、图层样式等。一般情况下，保存文件都采用这种格式，以便随时进行修改，如图 2-1-23 所示。

GIF：GIF 格式是输出图像到网页较常用的格式。GIF 常用于动态图、表情包。GIF 格式采用 LZW 压缩，它支持透明背景和动画，被广泛应用在网络中。保存时可以设置色彩与边缘、图层交错等，如图 2-1-24 所示。

JPEG：JPEG 格式是平时较常用的一种图像格式。它是一种有效、基本的有损压缩格式，被绝大多数的图形处理软件支持，可以设置压缩图片的品质，如图 2-1-25 所示。

PNG：PNG 格式是专门为 Web 开发的，它是一种将图像压缩到 Web 上的文件格式。PNG 格式与 GIF 格式不同的是，PNG 格式支持透明背景。存储时，可选择图像的质量，勾选图层是否交错，如图 2-1-26 所示。

TIFF：TIFF 格式是一种通用的文件格式，所有的绘画、图像编辑和排版程序都支持该格式，而且几乎所有的桌面扫描仪都可以产生 TIFF 图像。TIFF 格式支持具有 Alpha 通道的 CMYK、RGB、Lab、索引颜色和灰度图像，以及没有 Alpha 通道的位图模式图像。Photoshop 可以在 TIFF 文件中存储图层和通道，但是如果在另外一个应用程序中打开该文件，那么只有拼合图像才是可见的。

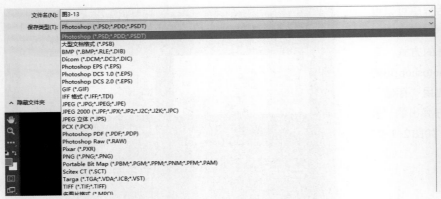

图 2-1-23　PSD 格式

图 2-1-24　GIF 存储选项

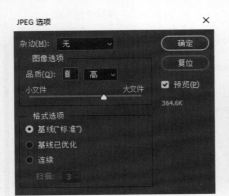

图 2-1-25　JPEG 选项

图 2-1-26　PNG 格式选项

　　小提示：存储文件快捷键：Ctrl+S；存储为快捷键：Ctrl+Shift+S。

2.1.5　关闭文件

当编辑完成图像以后，首先需要将该文件保存，然后关闭文件。常用的关闭文件方法有以下两种：

方法一：选中要关闭文件的窗口，单击文件标题中的关闭符号，如图 2-1-27 所示。

方法二：执行"文件"—"关闭 / 关闭全部"命令，即可关闭文件，注意选中关闭全部时确保文件完成编辑与保存，如图 2-1-28 所示。

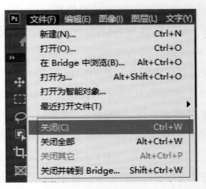

图 2-1-27　关闭文件（一）

图 2-1-28　关闭文件（二）

小技巧：关闭文件快捷键：Ctrl+W；关闭全部快捷键：Alt+Ctrl+W。

2.1.6 图框工具

"图框工具"带有置入功能，是非常实用的排版设计工具，相当于是一个占位符工具，具有剪贴功能，有两种图形可以作为占位图——矩形和椭圆形（圆形），如图 2-1-29 所示。

图 2-1-29　占位图

范例：新建或打开一张 A4 图，单击"图框工具"按钮，拖动鼠标得到一个占位图框，如图 2-1-30 所示，选择一张图片拖入框内，得到效果如图 2-1-31 所示，图层显示如图 2-1-32 所示。

可见图层由占位图框及图片两个部分组成。单击图层左框，按 Ctrl+T 组合键可以选择图形移动缩放，效果如图 2-1-33 所示。单击图层右框选图片移动缩放，效果如图 2-1-34 所示。

还可以选择左框时单击鼠标右键，弹出图层对话框，如图 2-1-35 所示，选择替换图片，打开图片，则替换成功，效果如图 2-1-36 所示。

还可以将图片拖出图框外，图层则分离为两个独立图层，如图 2-1-37 所示，再次放置进入框内，又变成占位图框的合成图层，如图 2-1-38 所示。

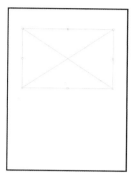

图 2-1-30　占位图框

图 2-1-31　拖入图片

图 2-1-32　图层显示

图 2-1-33　移动缩放（左框）

图 2-1-34　移动缩放（右框）

图 2-1-35　替换内容

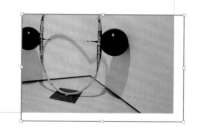

图 2-1-36　替换后效果

图 2-1-37　图层分离

图 2-1-38　合成图层

案例实战——图像排版练习

将多个图像通过置入放在新建的 A4 页面上，再通过缩放和移动进行排列，让画面变得有秩序。素材如图 2-1-39 所示，效果如图 2-1-40 所示。

串串　　　　　　　　　　　雕像

风景 3　　　　　　　　　　出租车

图 2-1-39　素材

视频：案例实战——图像排版练习

图 2-1-40　效果

具体操作步骤如下：

步骤 1　启动 Photoshop 并新建一个文件。

启动 Photoshop 后，选择新建一个文件，尺寸选择打印预设中的 A4 文件，并命名：文件排版练习，其他不需要修改，确定创建，如图 2-1-41 所示。

步骤 2　置入文件并调整排版。

打开文件，置入嵌入文件，打开对话框，如图 2-1-42 所示，选择其中一张图片，打开后图片出现变换框，如图 2-1-43 所示，单击其中一个变换点，缩小到四分之一左右，如图 2-1-44 所示，缩小并移动图片，Photoshop 会出现中心参考线，可以对齐放置，如图 2-1-45 所示。

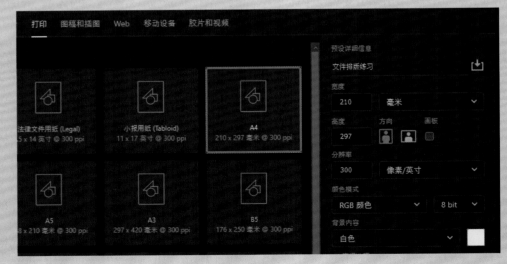

图 2-1-41　创建 Photoshop 文件

步骤 3 尝试用拖曳法置入文件。

打开素材文件夹，选中 3 张图片，同时拖曳到前面的 A4 页面上，如图 2-1-46 所示。将会分成 3 次置入，第一张图片置入出现变换框，如图 2-1-47 所示，调整至图 2-1-48 所示的效果。

步骤 4 调整其他置入图片，调整满意的排版效果。

依次调整其余图片，直至满意的效果为准。参考图 2-1-49 所示的效果。

步骤 5 绘制图框并置入图片。

单击"图框工具"按钮，绘制一个矩形，效果如图 2-1-50 所示。拖曳雕塑图片放置图框中，并移动图片位置，得到最终效果，如图 2-1-51 所示。

步骤 6 存储文件并检查。

使用快捷键 Ctrl+S 存储文件，将会得到图像排版练习 .psd。

使用快捷键 Ctrl+Shift+S 存储为 JPG 格式一份。将会得到图像排版练习 .jpg。

检查已存储文件，如图 2-1-52 所示，完成。

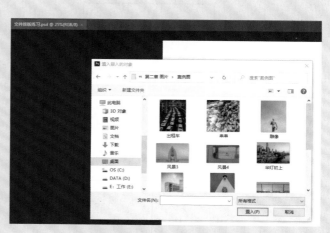

图 2-1-42　置入文件对话框

图 2-1-43　打开置入图片

图 2-1-44　缩小

图 2-1-45　对齐位置

图 2-1-46　拖曳图片

图 2-1-47　变换框

图 2-1-48　调整后效果

图 2-1-49　置入后最终效果

图 2-1-50　绘制矩形效果

图 2-1-51　最终效果　　　　　　　　　　　　　　　图 2-1-52　存储文件

任务2.2　Photoshop CC 2020对图像的基本操作

知识要点： 自动调整图像颜色、更改图像尺寸、调整图像画布大小、旋转图像、快速裁切图像、裁剪工具组。

打开一张已有的图像时，可能需要进行色彩的调整、图像或画布大小的调整及方向的调整，此任务将为使用者介绍这些基本操作。

2.2.1　自动调整图像颜色

使用者有时需要对图片进行微小调整，打开文件之后可以在图像上进行"自动颜色""自动对比度""自动色调"操作，如图 2-2-1 所示。

范例： 在 Photoshop 中导入一张图片，可以看到图片整体都是绿色，缺乏暖色调的整体渲染。那么接下来就开始进行微调，改变整体画面。先执行"图像"—"自动颜色"命令后，图片的色彩就会发生一些变化，软件系统会计算色彩，增加了一些暖色的感觉，如图 2-2-2（调整前）和图 2-2-3（调整后）所示。

还可以进一步调整，执行"图像"—"自动对比度"命令，再执行"图像"—"自动色调"命令，可以得到更清晰的层次效果，如图 2-2-4（调整后）所示。在不大调整的前提下，画面的整体效果就比原先有了一定的改善。这种方式非常简单快捷，特别是某些照片和对比度很强的画面，非常适合使用。

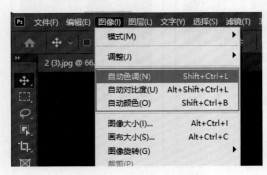

图 2-2-1　微小调整　　　　　图 2-2-2　自动颜色　　　　图 2-2-3　自动颜色　　　　图 2-2-4　自动对比
　　　　　　　　　　　　　　　　　　　调整前　　　　　　　　　　调整后　　　　　　　度和自动色调调整后

小提示：自动颜色快捷键Ctrl+Shift+B；自动对比度快捷键Ctrl+Shift+Alt+L；自动色调快捷键Ctrl+Shift+L。

2.2.2 更改图像尺寸

根据制作过程中不同的需求，随时可以调整图像的尺寸。打开一张图像，执行"图像"—"图像大小"命令，即可以打开"图像大小"对话框，如图 2-2-5 所示。

在"图像大小"对话框中可以更改图像的尺寸、分辨率、采样方式等，如图 2-2-6 所示。

图 2-2-5　"图像大小"对话框

图像大小：显示图像文件的大小。

尺寸：显示当前图像的尺寸，默认以"像素"为单位。

调整为：在该下拉列表框中预设了很多不同尺寸选项，用户可以根据需要选择图像的尺寸。

宽度：用于设置图像宽度大小和单位，如"像素""厘米""百分比""毫米"等。

高度：用于设置图像高度和单位。

链接符号：保持等比例图像调整，这样图像不会变形。如果不等比例调整图像大小，会导致图像变形，建议使用"裁剪工具"或变换画布大小进行。

分辨率：用于设置图像的分辨率。

重新采样：修改图像的像素大小。减少像素的数量时，从图像中删除一些信息；增加像素的数量或增加像素取样时，添加新的像素。

范例：打开一张素材图片，执行"图像"—"图像大小"命令，看到尺寸中显示为毫米单位（图 2-2-7），可以改为像素，原图尺寸为 1 095 像素 ×730 像素（图 2-2-8），宽度修改为 600，等比例链接符号打开，高度自动变为 400 像素，单击"确定"按钮（图 2-2-9）。修改前效果如图 2-2-10 所示，修改后效果如图 2-2-11 所示。

图 2-2-6　更改图像参数

图 2-2-7　原图

图 2-2-8　原图大小

图 2-2-9　像素修改

图 2-2-10 图像大小修改前　　　　　　　　　　　　　图 2-2-11 图像大小修改后

 小提示：调整图像大小按快捷键Alt+Ctrl+I。

2.2.3　调整图像画布大小

　　画布是指整个文档的工作区域，执行"图像"—"画布大小"命令，弹出"画布大小"对话框，如图 2-2-12 所示。在该对话框中可以对画布的宽度、高度、定位和扩展背景颜色进行调整。

　　"当前大小"选项组下显示的是文档的实际大小及图像的宽度和高度的实际尺寸，如图 2-2-13 所示。

　　"新建大小"是指修改画布尺寸后的大小。当输入的"宽度"和"高度"值大于原始画布尺寸时，会增大画布，如图 2-2-14 所示；当输入的"宽度"和"高度"值小于原始画布尺寸时，Photoshop 会裁掉超出画布区域的图像，如图 2-2-15 所示。

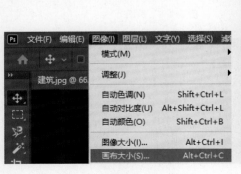

图 2-2-12　"画布大小"对话框　　　　　　　　　　图 2-2-13　"当前大小"选项值

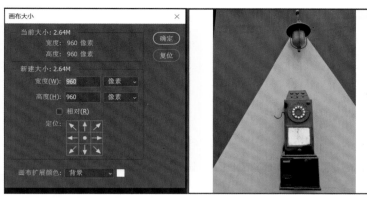

图 2-2-14 增大画布   图 2-2-15 裁切画布

 小提示：调整画布大小快捷键Alt+Ctrl+C。

2.2.4 旋转图像

执行"图像"—"图像旋转"命令可以旋转或翻转整个图像，如图 2-2-16 所示。

范例：打开一张图片，如图 2-2-17 所示，执行"顺时针 90 度"命令，效果如图 2-2-18 所示，执行"水平翻转画布"命令，效果如图 2-2-19 所示。

图 2-2-16 图像旋转   图 2-2-17 原图   图 2-2-18 90 度旋转   图 2-2-19 水平翻转

2.2.5 快速裁切图像

在打开文件后，Photoshop 可以对有明显多余边框的图像进行裁切，如图 2-2-20 所示。

范例：打开一张图片，如图 2-2-21 所示，图片内容就在中心位置，周边有大量的空白，需要将它们裁剪掉。在顶部菜单栏中执行"图像"—"裁切"命令，在裁切弹窗中选择"左上角像素颜色"或"右下角像素颜色"，并勾选"裁切"的顶、底、左、右，然后单击"确定"按钮。如图 2-2-22 所示，可以看到，周边多余的空白全部裁切掉，如图 2-2-23 所示。

透明的图片该怎么裁剪掉？原理一样，打开裁切窗口后，选择"透明像素"选项，如图 2-2-24 所示，单击"确定"按钮就可以轻松将多余的透明空间裁减掉了，效果与图 2-2-23 所示的图片一致。

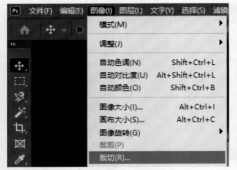

图 2-2-20　裁切　　　　　　　图 2-2-21　原图　　　　　　　图 2-2-22　回边裁切

图 2-2-23　裁切后效果　　　　　　　　　　图 2-2-24　透明图片裁切

2.2.6　裁剪工具组

当使用数码相机拍摄照片或将老照片进行扫描时，为了使画面的构图更加完美，经常需要裁剪掉多余的内容。裁剪工具组主要有"裁剪工具""透视裁剪工具""切片工具""切片选择工具"，如图 2-2-25 所示。

1. 裁剪工具

裁剪是指移去部分图像，以突出或加强构图效果的过程。使用"裁剪工具"可以裁剪掉多余的图像，并重新定义画布的大小。

在工具箱中选择"裁剪工具"，调出其选项栏，如图 2-2-26 所示。

（1）比例预设：拉下比例选项框，可出现影片、照片、印刷、网页等常见比例，单击 1∶1（方形），效果如图 2-2-27 所示。

（2）拉直：单击"拉直"按钮，可以通过在图像上绘制一条线来确定裁剪区域与裁剪框的旋转角度，如图 2-2-28 所示。

（3）视图：在该下拉列表中可以选择裁剪参考线的样式及其叠加方式。裁剪参考线包含"三等分""网格""对角""三角形""黄金比例"和"金色螺线"6 种（图 2-2-29），叠加方式包含"自动显示叠加""总是显示叠加"和"从不显示叠加"3 个选项，剩下的"循环切换叠加"和"循环切换叠加取向"两个选项用来设置叠加的循环切换方式，以 O 作为快捷键切换，如图 2-2-29 所示。

图 2-2-25　裁剪工具组

图 2-2-26　"裁剪工具"选项栏

单击"设置其他裁切选项"按钮，可以打开其他裁剪选项的设置面板，如图 2-2-30 所示。

使用经典模式：利用选区裁剪方式裁剪，可旋转选区。

显示裁剪区域：在裁剪图像的过程中，会显示被裁剪的区域。

自动居中预览：在裁剪图像时，裁剪预览效果会始终显示在画布的中央。

启用裁剪屏蔽：在裁剪图像的过程中查看被裁剪的区域。

不透明度：设置在裁剪过程中或完成后被裁剪区域的显示不透明度，如图 2-2-31 所示是设置"不透明度"为 75% 时的裁剪屏蔽（被裁剪区域）效果。

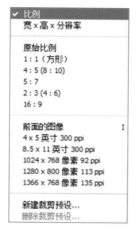

图 2-2-27　预设方形裁切

（4）删除裁剪图像：如果关闭该选项，则将被裁剪的图像隐藏在画布之外。如果勾选该选项，将删除被裁剪的图像；再次扩大时出现透明背景，如图 2-2-32 所示。

（5）内容识别：内容识别在 Photoshop 填充功能选项中，可以自动分析要填充部分周边的像素内容，然后复制生成新的像素内容来填充所选区域。扩大裁剪时确认时，会出现填充过程，可以生成与图像融合的画面，如图 2-2-33 所示。

图 2-2-28　拉直裁切

图 2-2-29　裁剪参考线样式及叠加方式

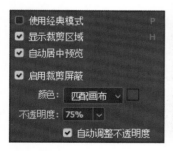

图 2-2-30　其他裁剪选项的设置面板

图 2-2-31　"不透明度"为 75% 时的裁剪屏蔽（被裁剪区域）效果

图 2-2-32　删除被裁剪图像

图 2-2-33　内容识别

2．透视裁剪工具

"透视裁剪工具"是一个全新的工具，它将图像中的某个区域裁剪下来作为纹理或仅校正某个偏斜的区域，此工具可以通过绘制出正确的透视形状告诉 Photoshop 哪里是需要被校正的图像区域。

"透视裁剪工具"非常适合裁剪具有透视关系的图像，打开一张透视图片，如图 2-2-34 所示，单击"透视裁剪工具"，框选整张图片，调整上方两个变换点，使左右两侧的线与建筑保持角度一致，如图 2-2-35 所示，确定裁剪，效果如图 2-2-36 所示。

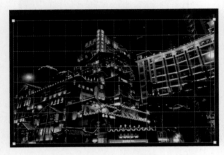 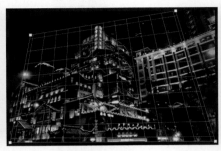 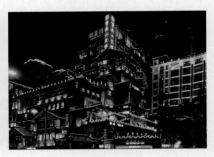

图 2-2-34　原图　　　　　　　　图 2-2-35　调整变换点　　　　　　　　图 2-2-36　裁剪效果

3．切片工具

"切片工具"可以使用切片将源图像分成许多的功能区域。将图像存储为 Web 页时，每个切片作为一个独立的文件存储，文件中包含切片自己的设置、颜色调板、链接、翻转效果及动画效果。

范例：打开一张图片，如图 2-2-37 所示，单击"切片工具"按钮，从左上角拖动鼠标，将整块绿植选中，即出现一个切片，如图 2-2-38 所示，再拖动鼠标选区，将下方绿色、红色块分成两块切片，黄色自动变成一块切片，并出现图片编码。执行"文件"—"导出"—"存储为 Web 所用格式"命令，在对话框中选择"存储"，即得到切好的图片文件夹，一般名字为 images，里面有刚刚切好的 4 张图片，如图 2-2-39 所示。

图 2-2-37　原图　　　　　　　　　　　　　　图 2-2-38　切片

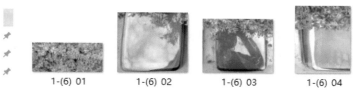

图 2-2-39　切片文件夹

4. 切片选择工具

"切片选择工具"的功能是针对切片后的分区重新进行调整大小或重新框选切片区域。打开正在切片的图片，如图 2-2-40 所示，选择"切片选择工具"，对切片的竖线进行移动调整，效果如图 2-2-41 所示。

图 2-2-40　打开切片图片

图 2-2-41　切片选择

案例实战——制作带边框照片

制作一张带边框的照片，就像是 lomo 相机拍出来放在家里冰箱上的照片。素材如图 2-2-42 所示，效果如图 2-2-43 所示。

图 2-2-42　素材

图 2-2-43　效果

视频：案例实战——制作带边框照片

案例实战——制作带边框照片（需扫二维码查看具体步骤）

案例实战——制作多层次海报

一般在完整的海报、广告、画册等作品中，常常有多个图层，通过素材制作多层次的海报。素材如图 2-2-44 所示，效果如图 2-2-45 所示。

具体操作步骤如下：

步骤 1　新建一个文件。

启动 Photoshop 后，直接新建一个文件，尺寸设置为宽度 24 cm，高度 30 cm，分辨率设置为 72 像素 / 英寸，如图 2-4-46 所示。

步骤 2　置入底图，调整合适大小。

拖曳底图进入新建的文件，调整至四边与文件贴合，如图 2-4-47 所示，按住 Shift 键上下调整变换点，使图片完全贴合文件边缘，如图 2-4-48 所示。

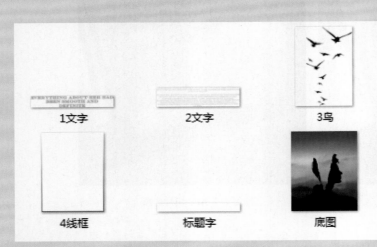

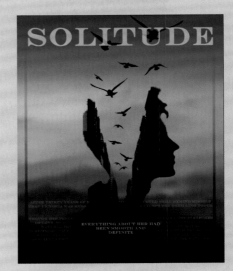

图 2-2-44　素材

图 2-2-45　效果

图 2-4-46　新建文件

图 2-4-47　置入底图

图 2-4-48　图片贴合文件边缘

步骤3　选中其他多个文件置入。

选中其他 4 个 PNG 图片，如图 2-4-49 所示，置入文件中，如图 2-4-50 所示，并调整位置大小，如图 2-4-51 所示。

步骤4　调整图层顺序。

调整好所有置入文件的大小，如图 2-4-52 所示，调整图层的顺序。1 文字放置最上层，2 文字放置第二层，如图 2-4-53 所示。

步骤5　调整图层透明度字。

调整图层"2 文字"的透明度为 20%，如图 2-4-54 所示，效果如图 2-4-55 所示。

步骤6　置入标题字。

置入素材"标题字"并调整位置与大小，效果如图 2-4-56 所示。

步骤7　存储完成。

存储文件为 psd 格式，命名为"多层次海报"。存储为 jpg 格式，相同命名。

3鸟　　4线框　　1文字　　2文字

图 2-4-49　选中 PNG 图片　　　　　　　　　　　　　　　图 2-4-50　置入文件

图 2-4-51　调整大小　　　　图 2-4-52　调整好所有图片大小　　　　图 2-4-53　调整图层顺序

图 2-4-54　透明度调整

图 2-4-55　文字效果

图 2-4-56　置入标题字

PROJECT 3

Photoshop CC 2020 常见工具的使用

任务3.1　图像编辑工具的使用

知识要点：剪切、复制、粘贴、变换、填充、描边、内容识别缩放、操控变形图像、辅助工具的使用。

利用"编辑"菜单中的命令可对图像内容进行适当的处理，编辑出需要的各种效果。如可对图像进行剪切、复制和粘贴，变换成各种需要的形态，添加上填充或描边效果等。

3.1.1　剪切、复制和粘贴图像

通过"编辑"菜单中的"剪切"和"复制"命令可对图层或选区中的内容进行裁剪或复制，并临时保存到一个剪切板，再通过"粘贴"命令粘贴到新图层。利用"剪切"命令可将特定区域内的图像裁剪下来，被裁剪下来的部分以背景色填充。利用"复制"命令可将特定区域内的图像复制下来，复制后原图像不发生任何改变。

范例：在打开的图像中将花朵部分创建选区，如图 3-1-1 所示，对选区内图像执行"编辑"—"剪切"命令，可看到选区内的图像被剪掉，并以默认的白色背景色填充，如图 3-1-2 所示。执行"编辑"—"粘贴"命令，可看到被剪掉的花朵图像粘贴到图像中，如图 3-1-3 所示。

在创建选区的图像中执行"编辑"—"复制"命令，可将选区内的图像复制而不影响原图像，再执行"编辑"—"粘贴"命令，即可粘贴复制的图像，如图 3-1-4 所示，此时在"图层"面板中可看到复制的图像创建到新的图层，如图 3-1-5 所示。

图 3-1-1　创建选区

图 3-1-2　剪切选区

图 3-1-3　粘贴选区

图 3-1-4　复制选区

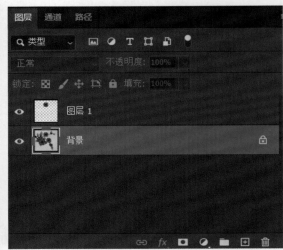

图 3-1-5　复制图像图层

　　小技巧：复制图像的快捷键为Ctrl+J或者可以同时按住Alt键和鼠标进行拖曳，鼠标显示为两个。

3.1.2　变换图像

　　利用"变换"命令可以更改图像的大小及形状。对图像执行"编辑"—"变换"命令，在打开的子菜单中可以执行"缩放""旋转""斜切""扭曲""透视""变形"等多种变换命令，以满足不同的变化操作，如图 3-1-6 所示。

　　范例：打开一幅图像，如图 3-1-7 所示。对图像执行"编辑"—"变化"—"缩放"命令，在图像中出现一个变化编辑框，拖曳编辑框可以对图像进行任意的缩放，如图 3-1-8 所示。拖曳变换编辑框，可保持原图像的比例进行缩放，如图 3-1-9 所示。

再次(A)　Shift+Ctrl+T
缩放(S)
旋转(R)
斜切(K)
扭曲(D)
透视(P)
变形(W)
水平拆分变形
垂直拆分变形
交叉拆分变形
移去变形拆分
旋转 180 度(1)
顺时针旋转 90 度(9)
逆时针旋转 90 度(0)
水平翻转(H)
垂直翻转(V)

图 3-1-6　变换命令

在变换编辑框中右击鼠标，在弹出的快捷菜单中也可执行各种变换命令。如执行其中的"变形"命令，如图 3-1-10 所示。选择工具选项栏中的"网格"选择"3×3"，如图 3-1-11 所示。拖曳网格即可对图像进行变形，如图 3-1-12 所示，完成变换编辑后，按 Enter 键确认变换即可。

图 3-1-7　原图

图 3-1-8　任意比例缩放

图 3-1-9　原图比例缩放

图 3-1-10　变形命令

图 3-1-11　变形网格

图 3-1-12　拖曳网格进行变换编辑

小技巧：通过Ctrl+T组合键可以快捷进入缩放和旋转的操作。

3.1.3　填充图像

利用"填充"命令可以在图像中指定区域内填充各种颜色或者纹理图案。执行"编辑"—"填充"命令，打开"填充"对话框，可以在对话框中设置填充的内容为颜色或者图案，以及模式、不透明度等，"填充"对话框如图 3-1-13 所示。

小技巧：填充前景色的快捷键为Alt+Delete；填充背景色的快捷键为Ctrl+Delete。

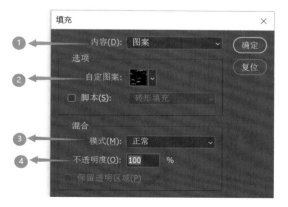

图 3-1-13　"填充"对话框

（1）内容：用于设置如何填充图像，其下拉列表中可以选择"前景色""背景色""颜色""图案""黑色"等方式，为选中的图像进行填充。

（2）自定图案：选择"使用"为"图案"时，才可以启用该选项。单击"点按可打开'图案'拾色器"按钮，可以打开"图案"拾色器，选择图案进行填充。打开一幅图像创建出矩形选区，如图 3-1-14 所示。对选区内图像执行"编辑"—"填充"命令，在对话框中选择"使用"为"图案"选项，再在"图案"拾色器中选择一种填充图案，如图 3-1-15 所示。设置后可看到选区内填充图层的效果，如图 3-1-16 所示。

（3）模式：设置填充内容的混合模式。打开一幅图像，如图 3-1-17 所示。设置前景色为蓝色，在"填充"对话框中设置使用前景色，模式为"颜色加深"，产生效果如图 3-1-18 所示。若设置模式为"划分"，产生效果如图 3-1-19 所示。

（4）不透明度：设置填充效果的现实程度，参数越小产生的填充效果越淡。打开一幅图像，如图 3-1-20 所示。为图像设置"使用"为"白色"选项模式为"柔光"，不透明度为 30% 时，效果如图 3-1-21 所示。若设置不透明度为 80%，填充效果如图 3-1-22 所示。

图 3-1-14　创建矩形选区

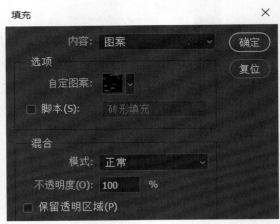
图 3-1-15　选择填充图案

图 3-1-16　填充效果

图 3-1-17　原图

图 3-1-18　颜色加深

图 3-1-19　"划分"效果

图 3-1-20　原图　　　　　　　图 3-1-21　柔光模式（不透明度 30%）　　　　图 3-1-22　柔光模式（不透明度 80%）

3.1.4　描边图像

　　利用"描边"命令可以在特定的图像边缘添加轮廓线，其对话框中的设置选项可控制描边的颜色、大小和位置等，让用户制作出需要的边缘轮廓线效果。选中图层后创建选区，再执行"编辑"—"描边"命令，即可弹出"描边"对话框，弹出的对话框效果如图 3-1-23 所示。

　　（1）宽度：用于设置描边的粗细，以像素为单位，可以输入的数值范围为 1～250 像素的整数，参数越大，产生的描边越粗。打开一幅图像，在图像中创建选区，如图 3-1-24 所示。执行"编辑"—"描边"命令，在打开的对话框中设置"宽度"为 5 px 时，产生的描边效果如图 3-1-25 所示。设置宽度为 15 px 时，产生的描边效果如图 3-1-26 所示。

　　（2）颜色：用于显示和设置描边的颜色。单击颜色框可以打开一个"选取描边颜色："对话框，选择任意的颜色，如图 3-1-27 所示。确认设置后，可以看到以选择的颜色产生的边缘轮廓线效果，如图 3-1-28 所示。

　　（3）位置：用于设置轮廓线的位置是在图像的内侧、居中还是外侧。单击"内部"单选按钮时在选区边缘内部产生描边，效果如图 3-1-29 所示，单击"居中"单选按钮时在选区边缘居中位置产生描边，效果如图 3-1-30 所示。单击"居外"单选按钮时在选区边缘外围产生描边，效果如图 3-1-31 所示。

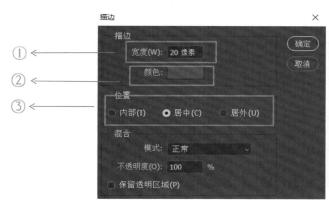

图 3-1-23　"描边"对话框　　　　　　图 3-1-24　创建选区　　　　图 3-1-25　描边宽度 5 px

图 3-1-26 描边宽度 15 px　　　　图 3-1-27 选择描边颜色　　　　图 3-1-28 边缘轮廓线效果

图 3-1-29 内部　　　　　　图 3-1-30 居中　　　　　　图 3-1-31 居外

3.1.5　内容识别缩放

利用"内容识别缩放"命令可以在图像进行缩放时自动调整图像中重要的可视内容，如图 3-1-32 所示。利用"变换"命令进行常规图像缩放时会影响所有的像素，而利用"内容识别缩放"命令进行缩放，主要影响没有重要可视内容区域中的像素。

打开一幅图像后，全选图像，如图 3-1-33 所示。对其执行"编辑"—"内容识别缩放"命令，在图像中会出现用于缩放的编辑框，拖曳编辑框边缘即可根据画面内容进行自动缩放调整，效果如图 3-1-34 所示。

图 3-1-32　"内容识别　　　　图 3-1-33 全选图像　　　　图 3-1-34 缩放效果
　　　　缩放"命令

3.1.6 操控变形

"操控变形"命令提供了一种可视的网格，借助该网格，可以随意地在扭曲特定图像区域的同时保持其他区域不变，如图 3-1-35 所示。对选中图像执行"编辑"—"操控变形"命令，即可在图像上出现可视网格，再利用选项栏中各种选项的设置，可更准确地对图像进行变形，如图 3-1-36 所示。

（1）模式：用于确定网格的整体弹性，包括"刚性""正常"和"扭曲"3 种模式。打开一幅图像，如图 3-1-37 所示，选中其中的小熊图像执行"编辑"—"操控变形"命令，就会在小熊图像上出现网格，当"模式"为"正常"时，在图像边缘单击添加多个图钉，然后拖曳图钉就可以进行变形，如图 3-1-38 所示，当"模式"为"扭曲"时，可以看到网格更有弹性，变形效果更明显，如图 3-1-39 所示。

（2）浓度：用于确定网格点的间距。较多的网格点可以提高精度，但需要较多的处理时间；较少的网格点则反之。其中，"正常"浓度下的网格点如图 3-1-40 所示；"较少点"浓度下的网格点如图 3-1-41 所示；"较多点"浓度下的网格点如图 3-1-42 所示。

（3）扩展：用于扩展或收缩网格的外边缘。数值为正数时，网格的外边缘向外扩展，如图 3-1-43 所示；数值为负数时，网格的外边缘向内收缩，如图 3-1-44 所示。

拼写检查(H)...	
查找和替换文本(X)...	
填充(L)...	Shift+F5
描边(S)...	
内容识别填充...	
内容识别缩放	Alt+Shift+Ctrl+C
操控变形	
透视变形	
自由变换(F)	Ctrl+T
变换(A)	▶
自动对齐图层...	
自动混合图层...	

图 3-1-35 "操控变形"命令

图 3-1-36 对图像进行变形

图 3-1-37 原图

图 3-1-38 "正常"模式变形

图 3-1-39 "扭曲"模式变形

图 3-1-40 "正常"浓度网格点

图 3-1-41 "较少点"浓度网格点

图 3-1-42 "较多点"浓度网格点

图 3-1-43 向外扩展

图 3-1-44 向内收缩

3.1.7 常用辅助工具的使用

在对图像的编辑过程中，常会用到一些辅助工具来浏览图像效果、吸取画面中的颜色、度量尺寸等，让图像处理起来更加轻松。这些辅助工具包括"缩放工具""抓手工具""吸管工具""标尺工具"和"注释工具"，这里将介绍辅助工具的具体使用。

1. 缩放工具

利用"缩放工具"可以在图像的操作过程中随时放大或缩小图像在窗口中的显示效果，便于更准确地查看图像的整体或某个部分。在工具箱中选中"缩放工具"后，只需要在图像中单击即可以放大或缩小图像，并可以利用其工具选项栏中的选项，设置出更准确的缩放效果。选项栏如图 3-1-45 所示。

图 3-1-45 "缩放工具"选项栏

（1）放大/缩小：用于选择放大或缩小工具，默认情况下选择的是"放大"按钮，打开一幅图像，如图 3-1-46 所示；在图像中单击即可以按一定的比例放大图像的显示效果，如图 3-1-47 所示；选择"缩小"按钮，在图像中单击即可以缩小图像的显示效果，如图 3-1-48 所示。

图 3-1-46 原图　　　　　　　　　图 3-1-47 放大　　　　　　　　　图 3-1-48 缩小

小技巧：在使用"缩放工具"放大图像时，在按住Alt键的同时在图像中单击，即可以缩小图像。

（2）调整窗口大小以满屏显示：勾选该复选框后，在放大或缩小图像时，图像窗口会随之放大或缩小；取消勾选该复选框后，图像窗口固定不变，只更改图像放大或缩小的比例。

（3）缩放所有窗口：勾选该复选框后可以同时放大或缩小在 Photoshop 中打开的所有图像窗口。

（4）细微缩放：勾选该复选框后，在画面中单击并向左侧或右侧拖曳鼠标，能够以平滑的方式快速放大或缩小窗口。

（5）百分比：单击该按钮可以将图像以实际的像素显示，即按照 100% 比例显示，也可以双击"缩放工具"按钮 来进行同样的操作。

（6）适合屏幕：单击该按钮，可以在窗口中最大化显示完整图像，也可以双击"抓手工具" 来进行同样的操作。

（7）填充屏幕：单击该按钮，可以在整个屏幕范围内最大化显示完整的图像。

2. 抓手工具

利用"抓手工具"可以在窗口中通过拖曳，移动图像显示的位置，查看窗口中未显示的图像部分。在 Photoshop 中有多个文件同时打开时，在工具选项栏中勾选"滚动所有窗口"复选框，可以同时移动多个窗口中的图像，如图 3-1-49 所示。

图 3-1-49 "抓手工具"选项栏

　　小技巧：在使用其他工具编辑图像时，可以按住键盘上的Space键，暂时切换到"抓手工具"，将图像移动到需要显示的部分时，释放鼠标后又可以回到原来使用的工具。

打开一幅图像，在窗口中以 100% 的比例显示图像，可以看到图像未能全部显示，如图 3-1-50 所示；使用"抓手工具"在图像中单击并拖曳，可以任意移动图像，查看到其他部分的效果，如图 3-1-51 所示。

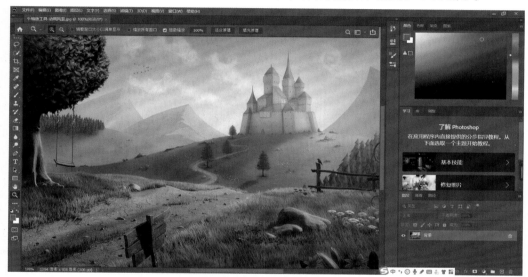

图 3-1-50 原图（未完全显示）

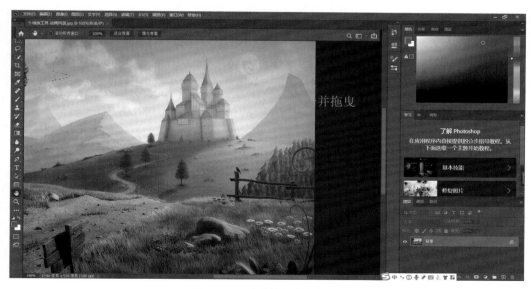

图 3-1-51 移动并查看其他部分

3. 吸管工具

利用"吸管工具"可以在图像中任意位置单击，取样颜色为前景色，并可以在"颜色"面板中查看取样像素颜色值，如图3-1-52所示。在其选项栏中还可以设置取样大小和样本图层，如图3-1-53所示。

图 3-1-52 吸管工具 　　　　　　　　　　　　　　　　图 3-1-53 "吸管工具"选项栏

打开一幅图像，使用"吸管工具"在图像中单击，即取样了单击位置的颜色，前景色更改为该颜色，在"颜色"面板中可以查看取样颜色的准确数值，如图3-1-54所示。

图 3-1-54 取样颜色的准确数值

4. 标尺工具

利用"标尺工具"可以精确地测定图像中特定位置的长度和角度，并将测量结果显示在"信息"面板中，如图3-1-55所示。

打开一幅图像，在工具箱中选择"标尺工具"，在图像中需要测量的起点单击，拖曳至终点，打开"信息"面板，可以查看测量的准确数值，其中的 X 和 Y 是起始点的坐标值，W 和 H 为宽度与高度的坐标值，A 和 L 为角度与距离的坐标值，如图3-1-56所示。

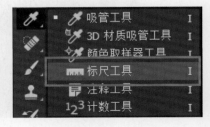

图 3-1-55 标尺工具

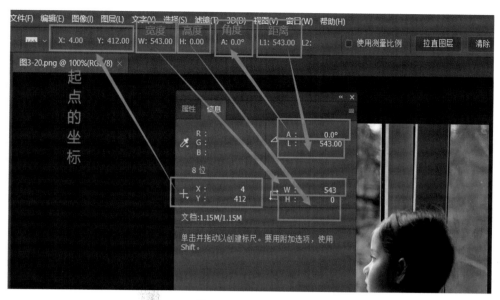

图 3-1-56　起点坐标值

5. 注释工具

通过"注释工具"可以在图像中加入文字注释，如图 3-1-57 所示。利用该工具在图像中单击，即可以在单击位置添加上一个注释，并打开"注释工具"面板，在面板文本框内输入需要的文字说明，如图 3-1-58 所示。

图 3-1-57　注释工具

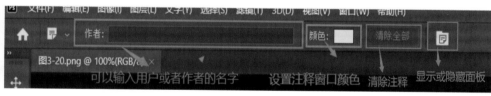

图 3-1-58　"注释工具"面板

技巧提示：在注释图标上单击鼠标右键，在打开的快捷菜单中可以选择打开、关闭注释，执行其中的"删除注释"命令，即可以将该注释删除。

6. 计数工具

"计数工具"可以统计图像中对象的个数，并将这些数目显示在选项栏的视图中，如图 3-1-59、图 3-1-60 所示。

图 3-1-59　计数工具

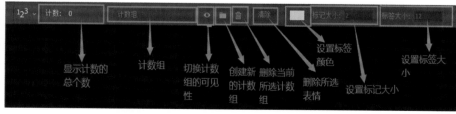

图 3-1-60　"计数工具"选项栏

案例实战——制作孩子的相片墙

将不同文件中的图像通过复制合并到一个图像，再通过移动和变化组合成完整的画面，然后对每个复制图像的颜色进行调整，让画面变得更加丰富，具体操作步骤请扫二维码查看。素材如图 3-1-61 所示，效果如图 3-1-62 所示。

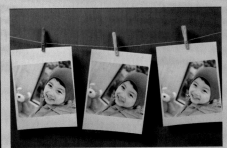

图 3-1-61 素材　　　　　　　　　　　　　　　图 3-1-62 效果

视频：案例完成——制作孩子的相片墙

案例实践——制作孩子的相片墙（需扫二维码查看具体步骤）

案例实战——制作带图案的杯子

　　将不同文件中的图像通过"移动工具"合并到一个图像，在变形样式下拉列表中选取一种变形样式，拖动网格内的控制点、线条或区域更改外框和网格的形状，组合成完整的画面，然后对图像的图层混合模式进行调整，让画面变得逼真。素材如图 3-1-63 所示，效果如图 3-1-64 所示。

图 3-1-63 素材　　　　　　　　　　　　图 3-1-64 移动合成效果

视频：案例实践——制作带图案的杯子

　　具体操作步骤如下。

步骤 1　打开素材。

按 Ctrl+O 组合键，打开素材文件，如图 3-1-65 和图 3-1-66 所示。

图 3-1-65 素材（一）　　　　　　　　　图 3-1-66 素材（二）

步骤 2　拖动素材并调整大小。

使用"移动工具"按钮⊕将素材图案拖动到咖啡杯文档，如图 3-1-67 所示。按下 Ctrl+T 组合键显示定界框，按住 Shift 键拖曳鼠标，让图像等比例缩小到合适尺寸，如图 3-1-68 所示。

步骤 3　执行"变形"命令。

在定界框内单击鼠标右键，在打开的快捷菜单中选择"变形"命令，如图 3-1-69 所示。此时显示变形网格，如图 3-1-70 所示。

步骤 4　变换图像。

将上面两个角的锚点拖动到杯体的边缘，使之与边缘对齐，然后拖动第 2 行两侧的锚点，调整第 1 行和第 2 行后的效果分别如图 3-1-71 和图 3-1-72 所示。

步骤 5　继续变换图像。

拖动第 3 行两个角的锚点至图中的位置，然后调整第 4 行的锚点，使图案与杯体的形状一致，调整第 3 行和第 4 行后的效果分别如图 3-1-73 和图 3-1-74 所示。

步骤 6　设置图层混合模式。

按 Enter 键确认变形操作，打开"图层"面板，在"图层"面板中将"图层 2"的混合模式设置为"正片叠底"。设置混合模式的前后效果如图 3-1-75 和图 3-1-76 所示。

步骤 7　添加图层蒙版及完成效果。

单击"图层"面板底部的"添加图层蒙版"按钮，为"图层 2"添加蒙版，使用"画笔工具"在杯子边缘的贴图上涂抹黑色，用蒙版将其遮盖，使图案的边缘变得柔和，"图层"面板此时如图 3-1-77 所示，最终效果如图 3-1-78 所示。

图 3-1-67　拖入

图 3-1-68　调整大小

图 3-1-69　变形

图 3-1-70　变形网格

图 3-1-71　调第 1 行效果

图 3-1-72　调第 2 行效果

图 3-1-73 调第 3 行效果　　　　图 3-1-74 调第 4 行效果　　　　图 3-1-75 设置模式前

图 3-1-76 设置模式后　　　　图 3-1-77 "图层"面板　　　　图 3-1-78 最终效果

任务3.2　图像选区的创建与编辑

　　知识要点：矩形选框、椭圆选框、单行、单列、套索、多边形套索、磁性套索、对象选择、魔棒、快速选择、色彩范围、快速蒙版工具的使用，选区的编辑及储存载入的方法。

　　选区的创建是 Photoshop 最为重要，也是功能最为强大的一项操作。要对图片的局部物体进行修改，首先要选中该物体，而 Photoshop 在选择上有着比其他软件更为强大的功能。Photoshop 提供了很多种工具和命令用于选择，并可以使用各种编辑命令对选区进行调整和修改。

3.2.1　规则选区的制作

　　选区可以分为规则选区和不规则选区，以及同色选区和相似色选区，分别针对规则的对象和不规则的对象及颜色相同或者相近的对象。规则选区选框工具共有4 种，即"矩形选框工具""椭圆选框工具""单行选框工具"和"单列选框工具"，如图 3-2-1 所示。默认选项为"矩形选框工具"。下面对这些工具进行介绍。

　　1. 矩形选区工具

　　使用"矩形选框工具"可以用鼠标在图像上拉出矩形选框。如果按住 Shift 键则可以拉出一个正方形的选框。选中"矩形选框工具"后，其选项栏如图 3-2-2 所示。

图 3-2-1　规则选区选框工具

图 3-2-2　"矩形选框工具"选项栏

"矩形选框工具"选项栏包括修改选择方式、羽化、样式、选择并遮住（从左到右）。

（1）选择方式：修改选择方式主要分为新选区■、增加到选区■、从选区减去■、与选区交叉■ 4 种方式。■的作用是去掉旧的选择区域，选择新的区域；■的作用是在原有选择区域的基础上，增加新的选择区域，作用相当于数学中的并集；■的作用是在原有选择区域中，减去新的选择区域与旧的选择区域相交的部分，作用相当于数学中的补集；■的作用是将原有选择区域与新创建选区相交的部分作为最终的选择区域保留，作用相当于数学中的交集。

①执行"文件"—"新建"命令，新建文件，参数设置如图 3-2-3 所示。

②将前景色设置为绿色，按 Alt+Delete 组合键将前景色填充，如图 3-2-4 所示。

③在工具箱中选择工具，在视图中按下并拖动鼠标左键，即可以绘制出矩形选区，如图 3-2-5 所示。通常情况下，按下鼠标的那一点为选区的左上角，松开鼠标的那一点为选区的右下角。如果按住 Alt 键使用"矩形选框工具"在视图中拖动鼠标，这时按下鼠标的那一点为选区的中心点，松开鼠标的那一点为选区的右下角。

④单击鼠标右键，执行"取消选择"命令取消选区，快捷方式为 Ctrl+D 组合键。然后按下 Shift 键绘制正方形的选区，如图 3-2-6 所示。将鼠标光标放在选区中，当十字光标呈箭头带虚线形时，按下并拖动鼠标左键，可以调整选区的位置。同时，也可以利用键盘上的方向键对选区的位置进行调整，按键一次可以将选区移动 1 像素，非常适用于精确移动选区位置。

⑤单击工作界面右下角"图层"调板底部的"创建新图层"按钮，新建"图层 1"，然后将前景色设置为暗红色，按 Alt+Delete 组合键填充前景色，如图 3-2-7 所示。

⑥选择"矩形选框工具"，并在选项栏中单击"新选区"按钮。在图像上绘制时，可以发现当新建一个选区时旧选区自动消失。

⑦依次选择"增加到选区"按钮、"从选区减去"按钮、"与选区交叉"按钮，最终效果如图 3-2-8 至图 3-2-10 所示。

图 3-2-3　参数设置

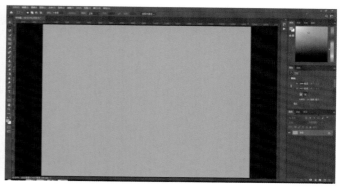

图 3-2-4　前景色填色

图 3-2-5　绘制矩形选区

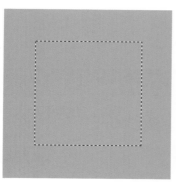

图 3-2-6　绘制正方形选区

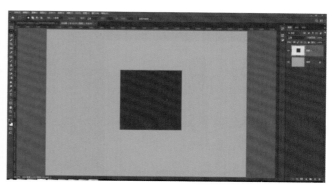

图 3-2-7　填充前景色

图 3-2-8　增加到选区

图 3-2-9　从选区减去

图 3-2-10　与选区交叉

（2）羽化：羽化可以柔化选择区域的边界，也就是使选择区域边界产生一个近渡区域，以便与其他图像相互融合。羽化值取值范围为 0~255 像素，数值越大，选区羽化效果越明显。在很多工具选项栏中都有"羽化"参数，作用一样，在后面的章节中就不重复讲解了。

①执行"文件"—"新建"命令，新建文件，参数设置如图 3-2-11 所示。

②设置"羽化值"为"0"，创建一个矩形选框。保持选区的浮动状态，单击"图层"调板底部的"创建新图层"按钮，新建"图层 1"。将前果色设置为灰色。按 Alt+Delete 组合键填充，最终效果如图 3-2-12 所示，然后按 Ctrl+D 组合键取消选区。

③将"羽化值"分别设置为"10"和"30"，用与上一个步骤同样的方法创建出两个矩形选框，并各新建一个图层，用同样的前景色填充，最终效果如图 3-2-13 所示。

④将"羽化值"设置为"200"，在图片上拖动创建一个差不多大小的矩形选框，接着弹出如图 3-2-14 所示的对话框。该对话框提示所框选的选区小于羽化像素，所以不可显示。

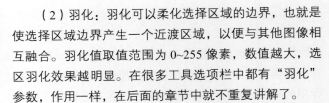

图 3-2-11　参数设置

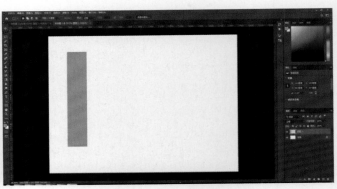

图 3-2-12　前景色填充

图 3-2-13　不同羽化值填充效果

图 3-2-14　选区小于羽化像素不可显示

（3）样式：样式用来规定矩形选框的形状。样式下拉菜单中有以下 3 个选项。

①正常：默认的选择方式，也是最常用的方式。

②固定长宽比：在这种方式下可以任意设定矩形宽和高的比例。

③固定大小：在这种方式下可以通过输入宽和高的数值，精确地确定矩形的大小，单位为像素。

（4）选择并遮住："选择并遮住"在其他版本中叫作调整边缘。使用方法在后面"快速选择工具"的使用中讲解。

2．椭圆选框工具

"椭圆选框工具"主要用于创建各种椭圆形选区，按下 Shift 键可以绘制圆形选区。"椭圆选框工具"和"矩形选框工具"创建选区的方法完全相同。"椭圆选框工具"的选项栏如图 3-2-15 所示。从图中可以看出，"椭圆选框工具"和"矩形选框工具"命令几乎完全一样，只是增加了"消除锯齿"一项。"消除锯齿"被激活后可以使圆形的边框比较平滑，平时保持勾选状态即可。

图 3-2-15　椭圆选框工具

（1）打开"椭圆 .jpg"文件，如图 3-2-16 所示。

（2）选择"椭圆选框工具"，设置"羽化值"为"80"，在孩子的身上框选，如图 3-2-17 所示。

（3）按下 Ctrl+C 组合键复制选框内的内容。

（4）打开"底纹 .jpg"文件，如图 3-2-18 所示。

（5）按下 Ctrl+V 组合键粘贴刚刚复制的内容，并移动到合适的位置，效果如图 3-2-19 所示。从图中可以看出，羽化后的图形可以更好地与其他图形融合。

图 3-2-16　原图　　　　　　　　　　图 3-2-17　框选

图 3-2-18　底纹文件　　　　　　　　图 3-2-19　最后效果

3．单行、单列选框工具

（1）单行选框工具："单行选框工具"可以在图层单击鼠标左键，拉出一条横向的 1 个像素的选框。其选项栏中只有选择方式可选，用法和矩形选框相同，羽化只能为"0"像素，样式不可选。

（2）单列选框工具："单列选框工具"可以用鼠标在图层单击，拉出一条竖向的 1 个像素的选框。其选项栏内容和用法与单行选框的完全相同。

3.2.2　任意形状选区

任意形状选区指的是没有规则形状的选区。在实际的操作中，大多数图像都是不规则的，很少出现规则的圆形或者方形，所以要选择这些不规则选区，必须采用一些能够选择不规则形体的工具和命令，下面一一进行讲解。

套索工具组可用来徒手描绘不规则物体的外框，从而得到选区。其包含 3 种工具，即"套索工具""多边形套索工具"和"磁性套索工具"，如图 3-2-20 所示。

图 3-2-20　套索工具组

（1）套索工具："套索工具"是一种鼠标自由绘制选区的工具。选中"套索工具"，将鼠标移到图像上后即可拖动鼠标选取所需要的范围。如果选取的曲线终点与起点未重合，则 Photoshop 会自动封闭为完整的曲线。按住 Alt 键在起点处与终点处单击，可绘制直线。选取"套索工具"后，其选项栏如图 3-2-21 所示。

"套索工具"选项栏包括修改选择方式羽化、消除锯齿，其内容和用法与选框工具相同，这里就不重复介绍了。

图 3-2-21　"套索工具"选项栏

①打开"草原 .jpg"文件，选择"套索工具"，设置羽化值为 10，框选图片中的一头牛，如图 3-2-22 所示。

②按 Ctrl+C 组合键复制，然后按 Ctrl+V 组合键粘贴，如图 3-2-23 所示，得到一个"图层 1"。

③使用"移动工具"移动"图层 1"到合适的位置，并按下 Ctrl+T 组合键自由变换，调整合适的大小，单击"确定"按钮，如图 3-2-24 所示。

图 3-2-22　确定选区

④使用同样的方法，选择和复制另外的牛群，让整个画面更加丰富，如图 3-2-25 所示。

图 3-2-23　创建"图层 1"

图 3-2-24　移动调整

图 3-2-25　复制增加牛群

（2）多边形套索工具："多边形套索工具"📐是一种靠鼠标单击一个个节点绘制选区的工具。在实际中，如果需要建立精准选区，很少使用"套索工具"，而更多的是使用"多边形套索工具"。

选中📐后，将鼠标光标移到图像处单击，如果选择出现错误，按下 Delete 键可以清除最近所画的线段。

"多边形套索工具"选项栏与"套索工具"完全相同，这里就不再介绍了。

①打开素材"多边形套索 .jpg"文件，如图 3-2-26 所示。

②选择📐，在大楼建筑外轮廓进行单击，最终将所有的点连接在一起，中间需要加选或者减选时，按住 Shift 键或者 Alt 键即可以进行加选和减选，如图 3-2-27 所示。

图 3-2-26　原图

（3）磁性套索工具："磁性套索工具"是一种具有可自动识别边缘的套索工具，针对颜色区分比较大的物体特别有用。选中后，鼠标光标移到图像上单击选取起点，然后沿物体边缘移动鼠标光标（无须按住鼠标），当回到起点时光标右下角会出现一个小圆圈，表示选择区域已封闭，再单击即完成操作。在选取过程中也可以单击鼠标左键以增加连接点。按 Delete 键则可以清除最近所画的线段。

"磁性套索工具"选项栏如图 3-2-28 所示。"磁性套索工具"选项栏与"套索工具"选项栏相比，增加了宽度、对比度、频率、钢笔压力等参数。

图 3-2-27　多边形套索选区

图 3-2-28　"磁性套索工具"选项栏

宽度：用于设置"磁性套索工具"在选取时探查距离，数值越大，探查范围越广。

对比度：用来设置套索的敏感度。可输入1% ~ 100%的数值，数值越大，选取越精确。

频率：用来确定套索连接点的连接速率。可输入1 ~ 100 的数值，数值越大，选取外框节点越多。

钢笔压力：用来设定绘图板的笔刷压力。只有安装了绘图仪和驱动程序才可以使用。当此项被选时，则钢笔的压力增加，从而使套索的宽度变细。

①打开"小鸭 .JPG"文件。

②选择"磁性套索工具"，在选项栏上将"频率"设置为"20"，选择图片中的鸭子，之后将"频率"设置为"100"，再次选择，最终对比效果如图 3-2-29 所示。

图 3-2-29　对比效果

3.2.3 其他选区的创建方法

除规则选区和任意选区外，Photoshop还提供了其他的选择工具，如"对象选择工具""魔棒工具""快速选择工具"及"色彩范围"命令等。

1. 对象选择工具

在最新版本的Adobe Photoshop CC 2020中，新增加了一个非常实用的抠图神器——Object Selection Tool，也就是"对象选择工具"。其是一款人工智能自动选取的工具，只要操作者在照片中框选一个范围，这个工具就可以自动进行选区，方便进一步抠图等后期处理。它仿佛可以读懂操作者的内心，帮操作者选出所要的东西。

（1）打开素材"鹿.jpg"文件。

（2）使用"对象选择工具"，在选项栏上将"模式"设置为"矩形"，框选图片中的鹿角，如图3-2-30所示。

（3）松开鼠标后，选区会自动识别到鹿角的轮廓作为最后的选区，如图3-2-31所示。

（4）继续框选整个鹿，如图3-2-32所示，松开鼠标后选区自动到识别整个鹿的轮廓作为选区，如图3-2-33所示。

图3-2-30 框选范围　　　　　图3-2-31 确定选区

图3-2-32 框选　　　　　　图3-2-33 自动识别选区

　小技巧：按住Shift键可以继续添加识别到的主体选区；按住Alt键则可以减去相应的选区，使用方法和规则选区的使用方法类似。

2. 魔棒工具

"魔棒工具"可以用来选择颜色相同或相近的整片色块，从而达到快速选择物体的效果。"魔棒工具"选项栏如图3-2-34所示。

图3-2-34 "魔棒工具"选项栏

选项栏包括修改选取方式、取样大小、容差、消除锯齿、连续、对所有图层取样选项。其中修改选取方式和消除锯齿在前面的工具中已有详细的讲解，这里就不重复了。

（1）容差：数值越小选取的颜色越精确，数值越大选取的颜色范围越大，但精度会下降。

如果需要选择的颜色和单击选择处的颜色非常相似，可以将颜色容差改小。如果需要选择和单击选择处颜色大致相同区域，则可以将容差改大，"容差"选项中可输入0～255的数值，系统默认是"32"。

①打开素材"小黄鸭.jpg"文件。

②选择"魔棒工具"，在选项栏中将"容差"改分别改为"10""30""180"，点选同一位置，选区范围如图3-2-35所示。可见容差越大，选取的黄色范围越广。

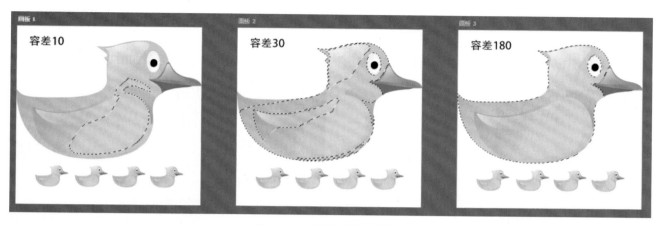

图 3-2-35 不同"容差"的效果

（2）连续：勾选"连续"选项后，只能选择色彩相近的连续区域；不勾选"连续"选项，将选择图像上所有色彩相近的区域。

保持选项栏中的"容差"值为"180"，分别采用不勾选"连续"和勾选"连续"的方式单击选择图片，最终效果对比如图 3-2-36 所示（右图为没有勾选"连续"选项效果，左图为勾选了"连续"选项效果）。从图 3-2-36 中可以发现勾选了"连续"选项后，选择的范围小了很多，只有那些黄色连接在一起的区域才被选中，而黄色被白色断开的区域则不会选中。如果不勾选"连续"选项，则无论黄色是否被其他颜色断开都可以选中。对所有图层取样：勾选此项后，可以选择所有可见图层。如果不勾选，魔术棒只能在应用图层起作用。

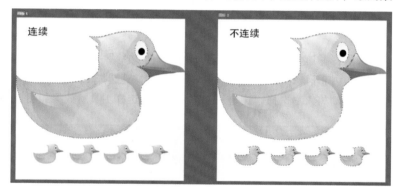

图 3-2-36 勾选"连续"与未勾选连续的效果对比

3. 快速选择工具

"快速选择工具"可以根据拖动鼠标范围内的相似颜色来选择物体。

（1）打开素材"快速选择.jpg"文件，如图 3-2-37 所示。

（2）选择"快速选择工具"，单击图片中的黄色椅子部分，可适当在黄色椅子中拖动，选中黄色椅子，如图 3-2-38 所示。

图 3-2-37 素材

图 3-2-38 选中椅子

（3）在"图层"调板中单击新建一个"图层1"，将"前景色"改为"绿色"，按下 Alt+Delete 组合键填充到选择区域内，如图 3-2-39 所示。

（4）在"图层"调板中将"正常"模式改为"颜色"模式，最终将黄色椅子改为绿色，如图 3-2-40 所示。

图 3-2-39　新建"图层1"　　　　　　　　　　　　图 3-2-40　改变颜色模式

4．"选择主体"与"选择并遮住"选项

"快速选择工具"选项栏里的"选择主体"与菜单栏中"选择—主体"的操作效果是一致的，可快速精确创建选区。

"选择并遮住"选项与之前版本的"调整边缘"操作效果一致，是抠取模糊边缘，如毛发这类图像的利器。

（1）打开素材"人像.jpg"文件，选择"快速选择工具"，直接单击选项栏上面的"选择主体"按钮，如图 3-2-41 所示，自动将人物选择，这是一个非常智能的选择工具。效果如图 3-2-42 所示。

图 3-2-41　选择主体　　　　　　　　　　　　　　图 3-2-42　选中人物

（2）单击"图层"面板右下角"添加图层蒙版"按钮，为图像添加蒙版，得到一个抠出来的图像，如图 3-2-43 所示。从图像中可以看出，人物的头发丝细节不见了，边缘不是很自然。

（3）按 Ctrl+Z 组合键，后退一步，回到第（2）步选择人物主体的状态，单击选项栏上的"选择并遮住"按钮，如图 3-2-44 所示。在弹出的对话框中调节属性对话框的参数，如图 3-2-45 所示。

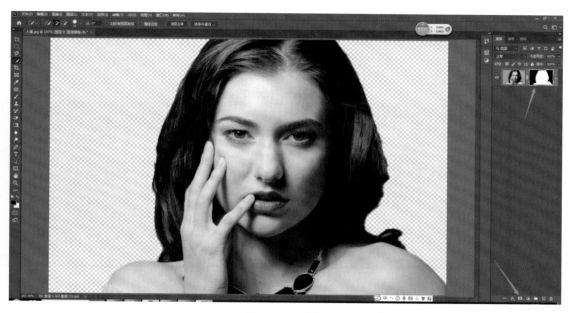

图 3-2-43 蒙版

图 3-2-44 "快速选择工具"选项框

图 3-2-45 "属性"对话框参数

（4）选择左上角的"调整边缘工具"，接着涂抹人像照片的头发边缘的发丝，这时候计算机会自动计算出头发丝的选区，涂抹完成后单击"确定"按钮，效果如图 3-2-46 所示。

（5）单击"新建图层"按钮，设置前景色为蓝色，按下 Alt+Delete 组合键填充颜色，然后调整图层顺序到人像的下面，得到的最终效果如图 3-2-47 所示。

图 3-2-46　边缘调整效果　　　　　　　　　　　　　图 3-2-47　最终效果

　小技巧：用"选择并遮住"抠毛发效果非常好，勾选"智能半径"设置参数为"1"，勾选"净化颜色"，然后利用"调整边缘工具"涂抹发丝就可以了。

5．"色彩范围"命令

"色彩范围"命令也是一个用于制作选区的命令。"色彩范围"命令可以根据图片中颜色的分布生成选区。

（1）打开素材"色彩范围 .jpg"文件，如图 3-2-48 所示。如果要选择其中的绿色布艺可以采用"色彩范围"进行选择。

（2）在"选择"菜单中执行"色彩范围"命令，打开如图 3-2-49 所示的"色彩范围"对话框。此时工具自动变为"吸管工具"。

（3）使用"吸管工具"在绿色布艺上单击，此时"色彩范围"对话框如图 3-2-50 所示，其中的白色区域代表被选择的区域。

（4）将"颜色容差"值设置为"57"，并且用添加取样吸管添加抱枕暗部颜色。此时可见对话框中的白色区域变得更多了，图片中的绿色基本上都被选中了，如图 3-2-51 所示。单击"确定"按钮后，绿色物体即被选中。

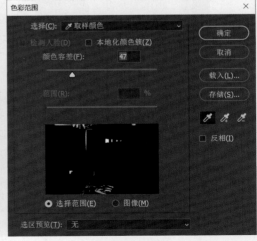

图 3-2-48　素材　　　　　　　　　　　　　　　　图 3-2-49　"色彩范围"对话框

图 3-2-50 选择区域

图 3-2-51 选中绿色物体

（5）在"图层"面板中单击新建一个"图层 1"，将"前景色"改为"暗红色"，按下 Alt+Delete 组合键填充到选择区域内，按 Ctrl+D 组合键取消选择，如图 3-2-52 所示。

（6）在"图层"面板中将"正常"模式改为"颜色"模式，最终效果如图 3-2-53 所示。

图 3-2-52 改变前景色

图 3-2-53 最终效果

通过以上介绍可以理解色彩范围的作用，下面将一一讲解色彩范围选项栏的各项参数。

（1）选择：确定建立选区的方式。用"吸管工具"可以选择颜色样本来获得选区；选择下拉框中的样本颜色，也可直接选择一种单色或基于图片的高光、中间调和阴影来选择选区。

（2）颜色容差：与魔棒的容差参数作用相同，也是用于识别采集样本的颜色与周围背景色的颜色差异大小，数值越大，选区范围越大；反之亦然。

（3）选择范围/图像：确定预览区域中显示的是选择区域还是原始图像。

（4）选区预览：在图片中预览选区，有无预览、灰度预览、黑色杂边、白色杂边和快速蒙版 5 种选择。

（5）反向：反向建立选区。

6. 快速蒙版

默认设置下，红色的部分就是快速蒙板。在选区以内的画面是没有红色的，只有选区以外才有红色。快速蒙版本质上就是选区的另一种表现形式。

凡是要的，就是完全透明，不发生任何变化；凡是不要的，就用红色的蒙版给蒙起来。

操作者改变红色的区域大小形状或者边缘，也就等于改变了选区的大小形状或边缘。所以，蒙版就是选区，只是形式不一样而已。

前景色设为白色，用画笔来涂抹，这样就产生了操作者所需要的选区。如果认为选区太大，要改小，就将前景色改成黑色，再来涂抹。现在画出来是红色半透明的蒙版。这就是蒙版的好处，可以随意地修改，比套索工具画选区方便很多。

记住，快速蒙版中没有彩色，白色是操作者选中的，黑色是不要的。也可以用橡皮擦，橡皮擦与画笔相反，黑色的橡皮擦等于白色的画笔。

（1）打开素材"磨皮.jpg"文件，并复制一个新图层，快捷方式是按住 Ctrl+J 组合键，如图 3-2-54 所示。

图 3-2-54　打开素材，复制新图层

（2）使用快捷键 Q，打开快速蒙版，如图 3-2-55 所示。

图 3-2-55　打开快速蒙版

（3）选择"画笔工具"，画笔硬度设置为 0，颜色选择黑色，用画笔在需要抠图的地方涂抹；例如，这里的人像脸部皮肤的位置，涂抹的地方会显示红色。如果不小心涂出去了，可以用白色画笔擦掉。需要注意的是，在涂抹脸部皮肤与其他部位连接区域时，画笔的不透明度应该适当降低，如图 3-2-56 所示。

图 3-2-56　用"画笔工具"涂抹

（4）涂抹完成后，再次按快捷键 Q，关闭快速蒙版，得到的效果如图 3-2-57 所示。

图 3-2-57　快速蒙版后效果

（5）按快捷键 Delete 将选中的区域删掉，按 Ctrl+D 组合键取消选区。执行"滤镜"—"模糊"—"表面模糊"命令，参数设置如图 3-2-58 所示，单击"确定"按钮后得到的最终效果如图 3-2-58 所示，整个人像的皮肤变得光滑了。

图 3-2-58　最终效果

3.2.4　选区的编辑

1.　移动、全选、取消、反选选区

（1）移动选区：在魔术棒、快速选择、框选工具组和套索工具组被选择的状态下，可以自由地移动选区。

（2）全选、取消选区、反选选区的命令均在"选择"菜单中，下面一一进行介绍。

①"全选"命令的作用是将一个图层全部选定，选区与画布大小相同。这种选择方式通常在对整个图层进行复制时使用，快捷键为 Ctrl+A。

②"取消选择"命令的作用是取消图层中的所有选区，快捷键为 Ctrl+D。

③"重新选择"命令的作用是恢复最近一次建立的选区。

④"反选"命令的作用是在图层中反向建立选区。简单地说就是现在选择的区域取消选择，而没有选择的区域被选中。

2.　边界、平滑、扩展、收缩、羽化选区

单击"选择"菜单，执行其中的"修改"命令可以对选区进行边界、平滑、扩展、收缩、羽化编辑等操作，如图 3-2-59 所示。

边界：建立一个新的选区框来替换已有选区。

平滑：可平滑选区。

扩展：扩大选区范围。

收缩：减小选区范围。

羽化：羽化选区可以对选区边缘进行柔化。

（1）打开素材"风景 .jpg"文件。

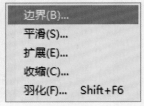

图 3-2-59　"修改"命令

（2）按 Ctrl+A 组合键全选，执行"选择"—"修改"—"边界"命令，在弹出的"边界选区"对话框中将"宽度"设置为"50"，得出边界选区，如图 3-2-60 所示。

（3）将"前景色"设置为"黑色"，并按 Alt+Delete 组合键填充，效果如图 3-2-61 所示。图中出现一圈具有柔和边界的黑框，效果图被衬托得更为美观。

图 3-2-60 边界选区   图 3-2-61 填充前景色

（4）按 Ctrl+Z 组合键取消刚刚填充"黑色"的步骤，执行"选择"—"修改"—"平滑"命令，在弹出的对话框中将"取样半径"设置为"50"，得到的选区如图 3-2-62 所示。从图中可见选区变得圆滑了。

（5）按 Alt+Delete 组合键填充黑色，效果如图 3-2-63 所示，可以看出边界四角变得圆滑了。

图 3-2-62 平滑选区   图 3-2-63 填充黑色

（6）按 Ctrl+Z 组合键两次，将操作步骤恢复到步骤（3）选区的边界效果。执行"选择"—"修改"—"扩展"命令，在弹出的对话框中将"扩展量"设置为"50"，如图 3-2-64 所示。

（7）按 Alt+Delete 组合键填充"黑色"，效果如图 3-2-65 所示。

图 3-2-64 边界扩展   图 3-2-65 填充扩展边界

（8）按 Ctrl+Z 组合键两次将操作步骤恢复到步骤（3）反选选区的边界效果。执行"选择"—"修改"—"收缩"命令，在弹出的对话框中将"收缩量"设置为"5"，如图 3-2-66 所示，从图中可见选区缩小了。

（9）按 Alt+Delete 组合键填充"黑色"，效果如图 3-2-67 所示。

图 3-2-66　边界收缩　　　　　　　　　　　　　　　图 3-2-67　填充收缩边界

（10）按 Ctrl+Z 组合键两次将操作步骤恢复到步骤（3）反选选区的边界效果。执行"选择"—"修改"—"羽化"命令，在弹出的对话框中将"羽化半径"设置为"100"，如图 3-2-68 所示。

（11）按 Alt+Delete 组合键填充"黑色"，按 Ctrl+D 组合键取消选择，最终效果如图 3-2-69 所示。

图 3-2-68　边界羽化　　　　　　　　　　　　　　　图 3-2-69　填充羽化边界

3．变换、保存、载入选择区域

"变换选区"命令可以实现对选区进行缩放、旋转等自由变换操作；"载入 / 存储选区"命令则可以将选区进行保存，保存后可在后面的操作中随时载入选区；"变换选区"命令可以实现对选区进行缩放、旋转等自由变换操作；"载入 / 存储选区"命令则可以将选区进行保存，保存后可在后面的操作中随时载入选区。

（1）打开"装饰画 .jpg"文件，如图 3-2-70 所示。

（2）使用"矩形选框工具"，框选墙面上的装饰画；单击"选择"菜单，执行其中的"存储选区"命令，在弹出的"存储选区"对话框中将名称定为"123"，如图 3-2-71 所示。

图 3-2-70　原图　　　　　　　　　　　　　　　　　图 3-2-71　存储选区

（3）单击"通道"调板，可见"通道"调板上多了一个"123"的 Alpha 通道，如图 3-1-72 所示。

（4）执行"选择"菜单中的"载入选区"命令，弹出"载入选区"对话框，单击"确定"按钮后，刚刚创建的矩形选框选区出现在原位置上，如图 3-2-73 所示。

图 3-2-72　Alpha 通道

图 3-2-73　载入选区

（5）新建"图层 1"，并将选区填充为"白色"，如图 3-2-74 所示。

（6）取消选择后，再次新建一个"图层 2"，在白色区域中使用"矩形选框工具"框选一个小矩形，并填充为"黑色"，如图 3-2-75 所示。

图 3-2-74　填充白色

图 3-2-75　框选小矩形并填充黑色

（7）使用上述方法创建出 7 个矩形，并填充为"黑色"，在中间位置留出一个矩形，不填充任何颜色，如图 3-2-76 所示。

（8）执行"选择"—"变换选区"命令，此时选区上会出现一个类似使用"变换"命令的选框，如图 3-2-77 所示。其具体使用方法也与"变换"命令类似。

图 3-2-76　创建 7 个矩形

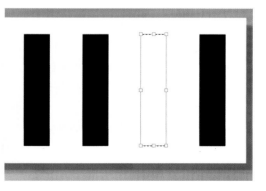

图 3-2-77　变换选区

（9）单击鼠标右键，选择其中的"旋转"命令，将该选区大致旋转35°，如图3-2-78所示。

（10）执行"编辑"—"描边"命令，设置参数为5，确定后最终效果如图3-2-79所示。这样就可以将原来的装饰画改为目前较为流行的带有平面构成元素的无框画。

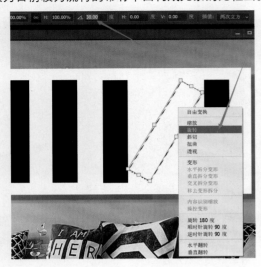

图3-2-78　旋转矩形　　　　　　　　　　　　　　　　图3-2-79　最终效果

案例实战——制作倒影效果

将素材中的部分图像利用"选区工具"进行选择，再通过复制图层、自由变化、滤镜功能实现倒影的制作，让画面更有真实的动感效果。具体操作步骤请扫二维码查看。素材如图3-2-80所示，效果如图3-2-81所示。

视频：案例实战——制作倒影效果

案例实践——制作倒影效果（需扫二维码查看具体步骤）

图3-2-80　素材　　　　　　　　　　　　图3-2-81　效果

案例实战——制作搞怪大头证件照

将素材中的文件利用"快速选择工具"进行选区的创建，并处理好毛发等不清晰边缘，再将素材进行组合调整，形成一幅有趣的证件照。素材如图3-2-82所示，效果如图3-2-83所示。

具体操作步骤如下：

步骤1　准备好证件照和服装素材。

打开"证件照.jpg"文件，利用"快速选择工具"选取证件照的服装，按Ctrl+J组合键复制一个图层，如图3-2-84所示。

图3-2-82　素材　　　　　　　　　　　图3-2-83　效果

视频：案例实
战——制作搞
怪大头证件照

图 3-2-84　证件照

步骤 2　准备好狗狗素材。

打开素材"狗狗.jpg"，使用"快速选择工具"选项栏上的"选择主体"，建立狗狗的选区，如图 3-2-85 所示。

图 3-2-85　狗狗选区

步骤 3　去除背景颜色。

单击选项栏上的"选择并遮住"，在弹出的对话框中设置参数，利用"调整边缘工具"对狗狗边缘的毛发进行涂抹，视图设置为"叠加"，不透明度设置为 20%，智能半径设置为 50 像素，输出设置"净化颜色"，并输出到"新建带有图层蒙版的图层"，如图 3-2-86 所示。单击"确定"按钮得到图 3-2-87 所示的效果。

图 3-2-86　参数设置　　　　　　　　　　　　　　　图 3-2-87　设置后效果

步骤 4　素材组合。

按 Ctrl+C 组合键复制抠出来的狗狗，回到"证件照"文件，按 Ctrl+V 组合键粘贴狗狗图层。并将狗狗图层放置到抠好的证件服装图层下面，关闭背景图层的显示，如图 3-2-88 所示。

步骤 5　素材调整。

适当移动调整狗狗图层的位置，对齐服装，设置前景色为黑色，单击"画笔工具"按钮，选择狗狗的图层蒙版，用"画笔工具"对狗狗脖子两边多余的部分进行涂抹擦除，如图 3-2-89 所示。

图 3-2-88　粘贴图层

步骤 6　完成效果。

设置前景色为蓝色，单击"新建图层"按钮回，新建一个图层，按 Alt+Delete 组合键填充前景色，并将图层移动到狗狗图层的下面，最终效果如图 3-2-90 所示。

图 3-2-89　调整

图 3-2-90　最终效果

任务3.3　绘图工具的使用

知识要点：画笔、铅笔、颜色替换、混合器画笔、历史记录艺术画笔、历史记录画笔、橡皮擦、背景橡皮擦、魔术橡皮擦、"画笔"面板、自定义画笔的使用。

绘图是 Photoshop 的一个常用功能，通过各种图像绘制工具，可以轻松地在图像中进行绘制，结合各种色彩让绘制的图像内容更加丰富，还可以对图像进行擦除修改，进一步编辑绘制的图像。

3.3.1　任意图像的绘制

在 Photoshop 中可以利用绘图工具绘制任意的图像，并以前景色表现绘制的图像。常用绘图工具包括"画笔工具""铅笔工具""颜色替换工具""混合器画笔工具"和"历史记录艺术画笔工具"。

1．画笔工具

利用"画笔工具"✐可以绘制任意形态的图像或为图像涂抹上颜色。在工具箱中选中"画笔工具"后，在其选项栏中可以调整画笔的大小、形态，还可以选择 Photoshop 中提供的各种各样的笔触绘制出不同形态的效果。"画笔工具"选项栏如图 3-3-1 所示。

图 3-3-1　"画笔工具"选项栏

（1）"画笔预设"选取器：显示当前选中画笔的形态和大小，打开"画笔预设"选取器，可以选择 Photoshop 中提供的各种画笔、大小和硬度。在打开的选取器中单击右上角的"扩展"按钮，如图 3-3-2 所示，在扩展菜单中可以看到各种画笔类型，选择其中的"旧版画笔"选项，如图 3-3-3 所示，确定替换后，即可以将选择的画笔类型显示到选取器中（旧版画笔里包含 Photoshop 之前版本自带的画笔），如图 3-3-4 所示。

（2）切换"画笔"面板：用于打开或隐藏"画笔"面板，单击该按钮即可打开"画笔"面板，如图 3-3-5 所示，在面板中可以对画布的笔尖形状进行设置，包括大小、角度、圆度、间距等，可以设置的选项如图 3-3-6 所示。

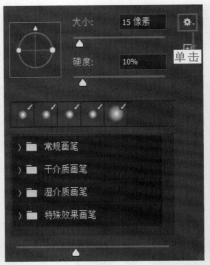
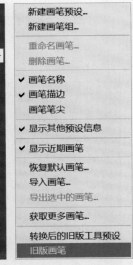

图 3-3-2　画笔类型　　　　图 3-3-3　旧版画笔

（3）绘图板压力控制不透明度：当计算机连接了绘图板时，可以用该按钮控制绘图时的不透明度。

（4）流量：用于设置描边的流动速率。在某个区域上进行绘画时，如果一直按住鼠标，颜色量将根据流动速率增大，直至达到不透明。

（5）启用喷枪模式：单击该按钮可以启用喷枪模式，用来模拟喷色绘画，将鼠标移动到某个区域上时，如果按住鼠标，颜料量将会增加。

（6）绘图压力控制大小：当计算机连接了绘图板时，使用光笔压力可掩盖"画笔"面板中大小的设置。

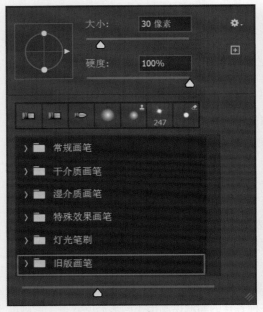

图 3-3-4　增加旧版画笔　　　　图 3-3-5　"画笔"面板　　　　图 3-3-6　选项设置

2. 铅笔工具

利用"铅笔工具"按钮 可以模拟出真实铅笔笔触绘制的图像，在窗口中展现出各种硬边的线条。在"铅笔工具"选项栏中可以选择与"画笔工具"相同的笔触，但绘制出的效果不相同，使用"铅笔工具"绘制的图像边缘有一种生硬感，而使用"画笔工具"绘制出的图像边缘就较为柔和。

打开一幅图像，如图 3-3-7 所示。选择"铅笔工具"选项，在其选项栏中打开"画笔预设"选取器，选择其中一种画笔，如图 3-3-8 所示。在图像中可以绘制出边缘生硬的图像，如图 3-3-9 所示。

图 3-3-7 原图

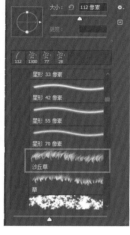

图 3-3-8 选择画笔

图 3-3-9 绘制边缘生硬的图像

3. 颜色替换工具

利用"颜色替换工具"可以将画笔控制区域内的图像颜色以设置的前景色替换。在工具箱中选择该工具后，在其工具选项栏中可以设置画笔的大小、模式、限制等选项，让操作者能更准确地替换区域内的颜色。选项栏如图 3-3-10 所示。

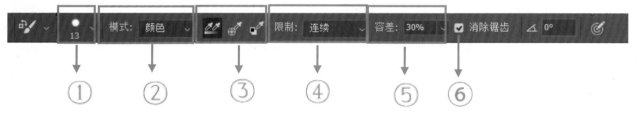

图 3-3-10 "颜色替换工具"选项栏

（1）"画笔预设"选取器：显示当前画笔设置的大小和形态，单击可打开"画笔预设"选取器，如图 3-3-11 所示。在选取器中可以控制画笔的大小、硬度和间距等，并可拖曳圆形边框更改画笔的硬度和圆度，如图 3-3-12 所示。

（2）模式：在该选项下拉列表框中可以选择"色相""饱和度""颜色"和"明度"4 种模式，默认情况下选择的是"颜色"模式。打开一幅图像设置前景色为黄色，如图 3-3-13 所示。设置模式为"色相"时，使用"颜色替换工具"在人物头饰上涂抹，可以更改其色相为橙色，如图 3-3-14 所示；当设置模式为"饱和度"时，在人物头饰上涂抹可以更改图像的饱和度，如

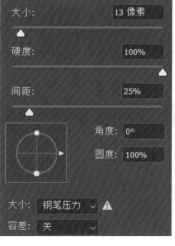

图 3-3-11 "画笔预设"选取器

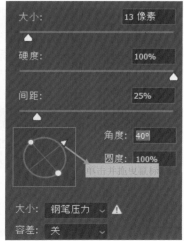

图 3-3-12 调节画笔参数

图 3-3-15 所示；当设置"模式"为"颜色"时，在人物头饰上涂抹可以将设置的前景色替换涂抹区域的颜色，如图 3-3-16 所示。

（3）取样：用于设置画笔取样方式。单击"取样：连续"按钮，拖动鼠标可以对颜色连续取样；单击"取样：一次"按钮，只替换第一次单击的颜色区域中的目标颜色；单击"取样：背景色板"按钮，只替换包含当前背景色的区域。

①连续：单击"连续"按钮，在图像上涂抹，将使用前景色连续替换画笔经过的所有像素颜色。

②一次：单击"一次"按钮，按住鼠标左键在图像上涂抹，将只替换第一次单击的颜色所在区域中的目标颜色（如果一幅图有红、黄、绿三种颜色，设置前景色为蓝色，选择"一次"按钮，鼠标单击红色处开始涂抹，将只替换图像中红色的颜色为蓝色，其他颜色不受影响）。

③背景色板：单击"背景色板"按钮，按住鼠标在图像上涂抹，将只使用前景色替换包含当前背景色的区域［如果一幅图有红、黄、绿三种颜色，设置前景色为蓝色，设置背景色为黄色，选择"背景色板"按钮，在图像上涂抹，将只替换图像中（背景色）黄色的颜色为蓝色，其他颜色不受影响］。

（4）限制：用于确定颜色替换的范围，有"不连续""连续"和"查边边缘"三种限制方式。选择"查找边缘"选项后，可以在绘制过程中区分不同颜色边缘。

（5）容差：设置相关颜色的容差，设置的参数值越大，颜色范围越大，颜色替换的区域越大。

（6）消除锯齿：勾选"消除锯齿"复选框后，在替换颜色时可以消除边缘出现的参差不齐的效果。

图 3-3-13　原图　　　　图 3-3-14　色相模式　　　　图 3-3-15　饱和度模式　　　　图 3-3-16　颜色模式

4．混合器画笔工具

"混合器画笔工具" ![icon] 可以模拟真实的绘画技术，如混合画布上的颜色、混合画笔上的颜色，以及在描边过程中使用不同的绘画湿度。"混合器画笔工具"有两个绘画色管，分别为储槽和拾取器，储槽存储最终应用于画布的颜色，并且具有较多的油彩容量；拾取器接收来自画布的油彩，其内容与画布颜色是连续混合的。选择"混合器画笔工具"后，在工具选项栏中可以设置绘画色管、"潮湿"、"载入"、"混合"等选项。工具选项栏如图 3-3-17 所示。

图 3-3-17　"混合器画笔工具"选项栏

（1）当前画笔载入：用于显示当前画布载入储槽的油彩效果。将油彩载入储槽的方法可以是设置前景色，也可以在图像中选取。打开一幅图像，如图 3-3-18 所示。按住 Alt 键的同时在图像中单击 ![icon] 按钮，即可以将单击区域的色彩载入储槽，如图 3-3-19 所示。

（2）每次描边后载入画笔：单击"每次描边后载入画笔"按钮，可使用储槽中的颜色填充画笔。

（3）每次描边后清除画笔：单击"每次描边后清理画笔"按钮，可移去画笔中的油彩。

（4）混合画笔混合：应用"潮湿""载入"和"混合"设置组合，可产生不同

图 3-3-18　原图　　　　　　　　　　　图 3-3-19　吸收色彩

的绘图效果。在下拉列表框中选择"干燥，深描"选项，如图 3-3-20 所示。在图像中单击并涂抹即可产生干燥笔触的效果，如图 3-3-21 所示。当选择"潮湿"选项时，绘制的图像更湿润，如图 3-3-22 所示。

（5）潮湿：用于控制画笔从画布拾取的油彩量，参数值设置得较高时会产生较长的绘画条痕。

（6）载入：指定储槽中载入的油彩量，载入速率较低时，绘画描边干燥的速度会变快。

（7）混合：控制画布油彩量同储槽油彩量的比例，比例为 100% 时，所有油彩将从画布中拾取；比例为 0% 时，所有油彩都来自储槽。

（8）流量：设置油彩的流量，参数值降低，流量降低，油彩变淡。

图 3-3-20　下拉列表框　　　图 3-3-21　干燥笔触效果　　　图 3-3-22　潮湿笔触效果

5. 历史记录艺术画笔工具

"历史记录艺术画笔工具"是指使用指定历史记录状态或快照中的源数据，以风格化描边进行绘画。通过使用不同的绘画样式、大小和容差选项，使用不同的色彩和艺术风格模拟绘画的纹理。工具选项栏如图 3-3-23 所示。

图 3-3-23　"历史记录艺术画笔工具"选项栏

（1）样式：用来控制绘画描边的形状，在下拉列表框中可以选择10种样式进行应用。打开一幅图像，如图3-3-24所示。在"样式"选项下拉列表框中选择"绷紧中"选项，如图3-3-25所示；使用该工具在图像中涂抹，可以看到产生的绘图效果，如图3-3-26所示；选择样式为"轻涂"时，在图像中涂抹可以看到产生的绘图效果，如图3-3-27所示。

（2）区域：用于指定绘画描边所覆盖的区域，数值越大，覆盖的区域就越大，描边的数量也就越多。

（3）容差：用于限定可应用绘画描边的区域。低容差可用于在图像中的任何地方绘制无数条描边；高容差可以将绘画描边限定在与源状态或快照中的颜色明显不同的区域。

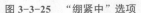

| 图3-3-24　原图 | 图3-3-25　"绷紧中"选项 | 图3-3-26　绷紧效果 | 图3-3-27　轻涂效果 |

　小技巧：在使用"历史记录艺术画笔工具"在图像中进行绘图前，需要在"历史记录"面板中单击状态或快照的左列，将该列用作"历史记录艺术画笔工具"的源，此时源历史记录状态旁会出现画笔图标。

3.3.2　图像的修改

在Photoshop中可以利用图像修改工具对不需要的图像部分进行擦除或修改，以达到设计需要的要求。可通过"橡皮擦工具" 、"背景橡皮擦工具" 和"魔术橡皮擦工具" 擦除图像，利用"历史记录画笔工具" 修改操作后的效果。

1．橡皮擦工具

"橡皮擦工具" 可将像素更改为背景色或透明。当在"背景"图层中或已锁定透明度的图层中使用该工具进行擦除时，像素将更改为背景色；若在其他像素图层中涂抹像素将被涂抹成透明。在工具箱中选择"橡皮擦工具"后，在其工具选项栏中可以设置画笔大小和形状等，并利用"模式"选项选择抹除模式为"画笔""铅笔"和"块"，如图3-3-28所示。

图3-3-28　抹除模式

（1）画笔：选择"模式"为"画笔"时，可将"橡皮擦工具"设置为像"画笔工具"一样的工具进行使用，并可在选项栏中选择画笔、设置工具的不透明度和流量等。打开一幅图像，设置背景色为白色，如图 3-3-29 所示。在图像的"背景"图层上直接进行涂抹，可看到被涂抹区域以背景色白色填充，如图 3-3-30 所示。

（2）铅笔：选择"模式"为"铅笔"时，可将"橡皮擦工具"设置为像"铅笔工具"一样的工具进行使用，在图像中涂抹时会产生生硬的边缘效果，如图 3-3-31 所示。

（3）块：选择"模式"为"块"时，可将"橡皮擦工具"设置为具有硬边缘和固定大小的方形，并且不提供用于更改不透明度或流量的选项，擦除图像时的效果如图 3-3-32 所示。

图 3-3-29　原图　　　　图 3-3-30　画笔涂抹　　　　图 3-3-31　铅笔涂抹　　　　图 3-3-32　块涂抹

2. 背景橡皮擦工具

使用"背景橡皮擦工具" 可在拖动时将图层上的像素涂抹成透明。通过指定不同的取样和容差选项，可以控制透明度的范围和边界的锐化程度，若在工具选项栏中勾选"保护前景色"复选框，还可以防止抹除与设置的前景色匹配的区域。打开一幅图像，如图 3-3-33 所示。在图像中橙色区域进行涂抹，被涂抹的区域以透明显示，如图 3-3-34 所示。在"图层"面板中可看到"背景"图层被自动解锁为"图层 0"图层，如图 3-3-35 所示。

图 3-3-33　原图　　　　图 3-3-34　橙色区域涂抹　　　　图 3-3-35　自动解锁为"图层 0"图层

3. 魔术橡皮擦工具

使用"魔术橡皮擦工具"可将所有相似的像素更改为透明。如果在已锁定透明度的图层中操作，这些像素将更改为背景色；如果在"背景"图层中操作，则将背景转换为图层并将所有相似的像素更改为透明。打开一幅图像，如图 3-3-36 所示。使用"背景橡皮擦工具"在图像黄色背景中单击，被单击的色彩区域擦除为透明，如图 3-3-37 所示。

小技巧：利用工具选项栏中的容差值定义可擦除的颜色范围时，低容差会擦除颜色值范围内与单击像素非常相似的像素、高容差会扩大将被擦除的颜色范围，默认容差值为32。

图 3-3-36　原图　　　　　　图 3-3-37　擦除背景

4. 历史记录画笔工具

在 Photoshop 中对图像的每一步操作都被记录到"历史记录"面板中，通过"历史记录"面板就可以查看对图像的所有操作步骤。而利用"历史记录画笔工具"可以消除对图像所做的历史操作，恢复至变化之前的图像效果。

打开一幅图像，如图 3-3-38 所示，使用"历史记录艺术画笔工具"对打开的图像进行涂抹，制作出绘画效果，此时在"历史记录"面板中可查看操作记录，如图 3-3-39 所示。使用"历史记录画笔工具"在图像中进行涂抹，被涂抹区域恢复到原始图像效果，如图 3-3-40 所示。

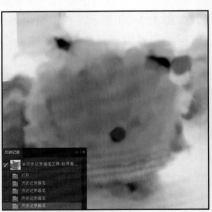

涂抹

图 3-3-38　原图　　　　　　图 3-3-39　绘画效果　　　　　　图 3-3-40　恢复原图效果

3.3.3　"画笔"面板的详细应用

在使用"画笔工具"绘图前，可以利用"画笔"面板进行画笔的选择和设置，并可以将图像定义为画笔，重复选择使用，还可以载入新的画笔到面板中，再进行选择应用。

1. 认识"画笔"面板

"画笔"面板提供了设置画笔笔触的各种选项，如选择画笔笔触、调整大小和角度、设置形状动态和颜色动态、添加纹理等，设置画笔后可以在面板下方预览到画笔效果。执行"窗口"—"画笔"命令，就可以打开"画笔"面板。"画笔"面板如图 3-3-41 所示。

（1）画笔：单击"画笔"按钮即可以打开"画笔"面板，显示画笔及画笔大小，并可以选择 Photoshop 中提供的多种类型画笔。在打开的"画笔预设"面板中单击右上角的"扩展"按钮，如图 3-3-42 所示。在打开的面板菜单中可查看各种类型的画笔，如图 3-3-43 所示，载入面板即可选中使用。

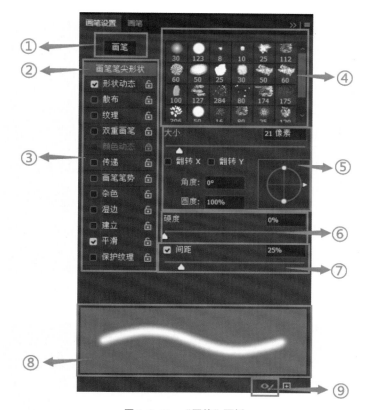

图 3-3-41　"画笔"面板

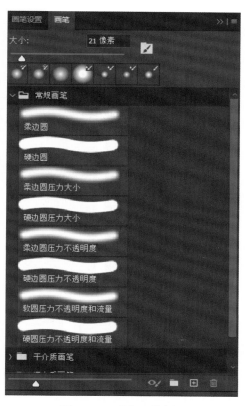

图 3-3-42　常规画笔参数

（2）画笔笔尖形状：选中状态下以蓝底色条显示，并在右侧面板中提供设置画笔笔尖形状等选项。

（3）其他特殊设置：选择画笔后，还可以对画笔进行形状动态、散布、纹理、颜色动态和杂色等设置，在需要设置的选项上单击，即可以在右侧打开相应的设置选项。选择"形状动态"选项时，在面板中打开的选项如图 3-3-44 所示；选择"散布"选项时，在面板中打开的选项如图 3-3-45 所示；选择"双重画笔"选项时，在面板中打开的选项如图 3-3-46 所示。

（4）显示画笔类型：显示"画笔预设"选取器中提供的各种类型的笔触，单击即可选中。

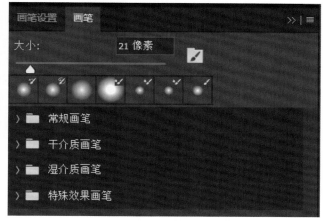

图 3-3-43　画笔类型

（5）画笔笔尖形态设置选项：设置选择画笔的大小、翻转、角度和圆度等。

（6）硬度：设置画笔硬度，参数值越大，画笔绘制效果越生硬。

（7）间距：勾选"间距"复选框，可启用画笔间距选项，参数值越大，笔触之间的间距越大。

（8）预览框：用于显示当前选中画笔设置后的效果。选择画笔类型后就会在预览框中显示该画笔的效果，如图3-3-47所示。对画笔大小、角度和间距进行设置后，可在预览框内看到画笔更改的效果，如图3-3-48所示。

（9）实时笔尖画笔预览：在Photoshop中，有些画笔可以展示实时的笔尖效果，在绘制时，窗口的左上方会有笔尖的形态，如图3-3-49所示。而有些画笔没有这个功能，图标也显示灰色状态，如图3-3-50所示。

图3-3-44　"形状动态"选项　　　图3-3-45　"散布"选项　　　图3-3-46　"双重画笔"选项　　　图3-3-47　画笔效果

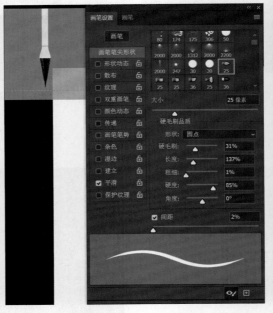

图3-3-48　设置后画笔效果　　　　图3-3-49　实时笔尖效果　　　　图3-3-50　无实时笔尖效果

2．自定义画笔

在Photoshop中，不仅可以选择预设的各种类型画笔，还可以利用"定义画笔预设"命令将选择的图像定义为画笔，然后进行选择使用。

打开一幅图像，将蓝色图像创建为选区，如图3-3-51所示，执行"编辑"—"定义画笔预设"命令，即可打开"画笔名称"对话框，在对话框中设置画笔名称，如图3-3-52所示，设置后选择"画笔工具"，在其选项栏中打开"画笔预设"选取器，画笔类型中最后一个即定义的画笔，单击选择即可使用，如图3-3-53所示。

图 3-3-51 创建选区

图 3-3-52 "画笔名称"对话框

图 3-3-53 "画笔预设"选取器

3．载入画笔

在 Photoshop 中，利用"载入画笔"命令可以载入 ABR 格式的画笔，将载入的画笔罗列到"画笔预设"选取器中，选择即可使用。选择"画笔工具"后，在其选项栏中打开"画笔预设"面板，单击扩展按钮，如图 3-3-54 所示，在打开的扩展菜单中执行"导入画笔"命令，如图 3-3-55 所示，在打开的"载入"对话框中选择需要载入的画笔，然后单击"载入"按钮，如图 3-3-56 所示，载入画笔选取器中，将载入的画笔排列到最后，单击选择画笔即可使用，如图 3-3-57 所示。

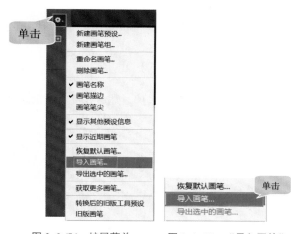

图 3-3-54 扩展菜单　　图 3-3-55 "导入画笔"　　图 3-3-56 "载入"对话框　　图 3-3-57 载入画笔选取器

小技巧：单击"预设管理器"按钮，在打开面板菜单中执行"载入画笔"命令，也可以进行载入画笔的操作。

案例实战——卧室效果图的处理

利用"颜色替换工具",更改某些装饰的颜色。

利用"历史记录艺术画笔工具"制作一幅艺术画作,并放置在图中,注意透视需准确。

利用灯光笔刷给画面增加灯光效果。

素材如图3-3-58所示,效果如图3-3-59所示。

视频:案例实战——卧室效果图的处理

案例实战——卧室效果图的处理(需扫二维码查看具体步骤)

图3-3-58 素材

图3-3-59 效果

具体操作步骤如下:

步骤1 打开素材。

按Ctrl+O组合键(或鼠标双击工作区空白处),打开素材文件,并复制一层背景图层,如图3-3-60所示。

步骤2 设置前景色。

在工具箱中双击"设置前景色"色块,在打开的对话框中选择黄色(R: 228、G: 197、B: 130),如图3-3-61所示。

步骤3 设置工具画笔。

选择"颜色替换工具",在选项栏中打开"画笔预设"拾取器,设置大小等选项参数,如图3-3-62所示。

步骤4 涂抹替换颜色。

在选项栏中设置"模式"为"色相","限制"为查找边缘,将"消除锯齿"的√去掉,然后在窗帘的顶端原来蓝色部分进行涂抹,如图3-3-63所示。

步骤5 替换窗帘颜色。

使用"颜色替换工具"在图像窗帘的绑带上继续涂抹,效果如图3-3-64所示。

步骤6 打开更换的素材。

打开需要更换的艺术画素材,如图3-3-65所示。

步骤7 选择画笔。

选择"历史记录艺术画笔工具",在其选项栏中打开"画笔预设"选取器,设置画笔"大小"为"8 px",如图3-3-66所示。

步骤8 选择样式进行涂抹。

继续在选项栏中设置"样式"为"绷紧长",然后使用该工具在图像中进行涂抹,可看到被涂抹区域出现绘画效果,如图3-3-67所示。

图 3-3-60 复制背景图层

图 3-3-61 设置前景色

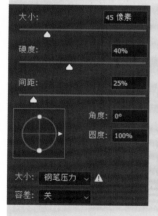

图 3-3-62 设置工具画笔

图 3-3-63 涂抹替换颜色

图 3-3-64 替换窗帘颜色

图 3-3-65 替换素材

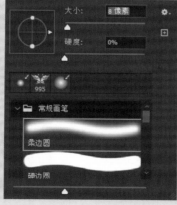

图 3-3-66 选择画笔

图 3-3-67 选择样式进行涂抹

步骤 9　涂抹出绘画效果。

使用"历史记录艺术画笔工具"，继续对全图进行涂抹，描绘出绘画效果，如图 3-3-68 所示。

步骤 10　替换效果图中的艺术画。

用"移动工具"将绘制好的艺术画拖动到效果图文档，如图 3-3-69 所示。按下 Ctrl+T 组合键显示定界框，按住 Shift 键拖曳鼠标，让图像等比例缩小到合适尺寸，如图 3-3-70 所示。

步骤 11　设置艺术画的透视效果。

在图像变化窗口下，单击鼠标右键弹出选项栏，选择"斜切"选项，如图 3-3-71 所示。用鼠标拖曳艺术画的四个角，使其对齐后面的原画，如图 3-3-72 所示。

步骤 12　替换墙上原来的画。

使用变化里的"斜切工具"在艺术画上继续调整，使其完全贴合在原来的画上，效果如图 3-3-73 所示。

步骤 13　执行"载入画笔"命令。

选择"画笔工具"，在其选项栏中打开"画笔预设"选取器，单击"扩展"按钮，在打开的扩展菜单中执行"载入画笔"命令，如图 3-3-74 所示。

步骤 14　载入画笔。

在打开的"载入"对话框中，选择"灯光笔刷 .abr"，然后单击"载入"按钮，载入画笔，如图 3-3-75 所示。

图 3-3-68　涂抹出绘画效果

图 3-3-69　将替换图像拖入原图

图 3-3-70　等比例缩小替换图像

图 3-3-71　右键
　　　　　菜单

图 3-3-72　对方原画

图 3-3-73　替换原画

图 3-3-74　扩展菜单　　　　　　　　　图 3-3-75　载入画笔

步骤 15　选择画笔并设置。

打开"画笔"面板，选择载入的灯光画笔，然后设置"大小"为 1500 px，如图 3-3-76 所示。

步骤 16　绘制灯光效果。

新建一个空白图层，命名为"灯光"，设置前景色为白色，使用"画笔工具"，并在选项栏中的不透明度设置为"80%"，在图像中艺术画上合适的位置单击，绘制出灯光效果，如图 3-3-77 所示，最终效果如图 3-3-78 所示。

图 3-3-76　设置画笔　　　　　图 3-3-77　绘制灯光效果　　　　　图 3-3-78　最终效果

任务3.4　图像修复与润饰

知识要点： 污点修复画笔、修复画笔、修补、内容感知移动、红眼、仿制图章、图案图章、模糊、锐化、涂抹、减淡、加深、海绵工具的使用。

3.4.1　图像修复工具组

通常情况下，拍摄出的数码照片经常会出现各种缺陷，使用 Photoshop 的图像修复工具可以轻松地将带有缺陷的照片修复成更精致的照片。修复工具包括"污点修复画笔工具""修复画笔工具""修补工具""内容感知移动工具""红眼工具""仿制图章工具""图案图章工具"等，如图 3-4-1 所示。

使用"模糊工具""锐化工具""涂抹工具"可以对图像进行模糊、锐化和涂抹处理；使用"减淡工具""加深工具"和"海绵工具"可以对图像局部的明暗、饱和度等进行润饰处理，如图 3-4-2、图 3-4-3 所示。

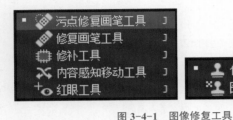

图 3-4-1　图像修复工具

图 3-4-2　模糊、锐化和涂抹处理工具

图 3-4-3　润饰处理工具

1. 污点修复画笔工具

"污点修复画笔工具"可以使用图像或图案中的样本像素进行绘画，并将样本像素的纹理、光照、透度、阴影与所修复的像素匹配，其属性选项栏如图 3-4-4 所示。"污点修复画笔工具"不需要设置取样点，因为它可以自动从所修饰区域的周围进行取样。

图 3-4-4　"污点修复画笔工具"选项栏

（1）笔触大小：根据污点的大小与周围整洁度，选择比污点大一圈的笔触较为合适。

（2）污点修复方式有内容识别、创建纹理、近似匹配三种类型。最常使用内容识别，内容识别可以根据周围整洁图像修复污点，修复后融合效果好。

（3）选择所有图层：可以对多个图层的污点进行修复，不影响图层本身分布。

范例：打开人物图片（图 3-4-5），单击"污点修复画笔工具"按钮，在污点处单击即可修复（图 3-4-6），效果如图 3-4-7 所示。

图 3-4-5　原图

图 3-4-6　污点修复

图 3-4-7　效果

2．修复画笔工具

"修复画笔工具"可以校正图像的瑕疵，与"仿制图章工具"一样，"修复画笔工具"也可以用图像中的像素作为样本进行绘制。但是，"修复画笔工具"还可以将样本像素的纹理、光照、透明度和阴影与所修复的像素进行匹配，从而使修复后的像素不留痕迹地融入图像的其他部分。其选项栏如图 3-4-8 所示。

图 3-4-8　"修复画笔工具"选项栏

（1）模式：在右侧下拉列表中可以设置修复图像的混合模式。其包括"正常""替换""正片叠底""滤色""变暗""变亮""颜色""明度"8 种选择。其中"替换"模式比较特殊，它可以保留画笔描边边缘处的杂色、胶片颗粒和纹理，使修复效果更加真实。

（2）源：用于设置修复的像素来源，选择"取样"选项可以直接在图像上取样。选择"图条"则可以在图案下拉列表中选择一个图案作为取样来源。

（3）样本：用来设置从指定的图层中进行数据取样。选择"当前图层"选项，则在当前图层中取样。选择"当前和下方图层"，则从当图层及其下方的可见图层中取样。选择"所有图层"选项，则会在所有可见图层中取样。

（4）扩散：扩散边缘数据越大，与周围图像融合越自然。

打开一幅图片，如图 3-4-9 所示。选择工具箱中的"修复画笔工具"选项，提示按住 Alt 键，用鼠标选取一个取样点，如图 3-4-10 所示。在瑕疵部分拖动鼠标进行涂抹，如图 3-4-11 所示；修复后的效果，如图 3-4-12 所示。

图 3-4-9　原图　　　　图 3-4-10　选取取样点　　　　图 3-4-11　涂抹瑕疵　　　　图 3-4-12　修复后的效果

3．修补工具

"修补工具"可以利用样本或图案来修复所选图像区域中不理想的部分，将图像中需要修补的部分框入选区，然后将选区移动到干净的区域，重复操作直至图像完全干净。其选项栏如图 3-4-13 所示。

图 3-4-13　"修补工具"选项栏

（1）选区："新选区"可以创建一个新的选区，如果图像中包含选区，则新选区会替换原有选区；"添加到选区"可以在当前选区的基础上添加新的选区；"从选区中减去"可以在原选区中减去当前绘制的选区；"与选区交叉"可以得到原选区与当前创建的选区相交的部分。

（2）源 / 目标：若选择"源"选项则将选区拖至要修补的区域后，会用当前选区中的图像修补原来选中的图像；如果选择"目标"选项，则会将选中的图像复制到目标区域。

（3）透明：勾选该选项后，可以使修补的图像与原图像产生透明的叠加效果。

（4）打开一幅图片，选择工具箱中的"修补工具"，设置"扩散"文本框中的参数为7。勾选电线塔，得到选区如图3-4-14所示。单击电线塔拖动到蓝天白云，完成修补，效果如图3-4-15所示。

使用图案：在下拉面中选择一个图案，单击该按钮可以使用图案修补选区内的图像。

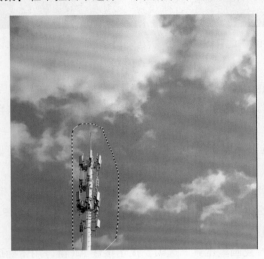 

图3-4-14　选中电线塔　　　　　　　　　图3-4-15　拖动修补

4. 内容感知移动工具

"内容感知移动工具"可以将选中的对象移动或复制到图像的其他地方，并重组新的图像。其选项栏如图3-4-16所示。

图3-4-16　"内容感知移动工具"选项栏

（1）模式：包括"移动"和"扩展"两个选项可供选择。"移动"对象在原处消失与背景融合，出现在移动目标处；"扩展"则相当于复制一个对象融合在背景中。

（2）结构与颜色：用于选择修复的精度。

（3）对所有图层取样：如果图像中包含多个图层，勾选该项，则可以对所有图层中的图像进行取样。

（4）投影时变换：可以移动选区后变换大小。

打开一幅图片，如图3-4-17所示，然后选择工具箱中的"内容感知移动工具"选项，在属性选项栏中将模式设置为"移动"，勾选"投影时变换"，选中停车标识牌，移动到右边空白处，出现选区变换框如图3-4-18所示，确定后出现效果如图3-4-19所示。如选择扩展，则出现效果如图3-4-20所示。

图3-4-17　原图

图 3-4-18 移动 　　　　　　　图 3-4-19 "移动"效果 　　　　　　　图 3-4-20 "扩展"效果

5. 红眼工具

使用"红眼工具"可以去除由闪光灯导致的红色反光。选择"红眼工具"，然后使用鼠标左键在人物红眼区域单击即可。其选项栏如图 3-4-21 所示。

图 3-4-21 "红眼工具"选项栏

（1）瞳孔大小：用来设置瞳孔（眼镜暗色的中心）的大小。

（2）变暗量：用来设置瞳孔的暗度。

打开一幅图片，如图 3-4-22 所示，选择工具箱中的"红眼工具"，在需要处理的红眼位置进行拖动，即可去除红眼，效果如图 3-4-23 所示。

图 3-4-22 原图 　　　　　　　　　图 3-4-23 效果图

6. 仿制图章工具

"仿制图章工具"是一种复制图像的工具，其原理类似现在流行的生物克隆技术，可以将一幅图像的选定点作为取样点，将该取样点周围的图像复制到同一图像或另一幅图像中。"仿制图章工具"也是专门的修图工具，可以用来消除人物脸部斑点、背景部分不相干的杂物、填补图片空缺等。其属性选项栏如图 3-4-24 所示。

图 3-4-24 "仿制图章工具"选项栏

打开一幅图片，如图 3-4-25 所示。选择工具箱中的"仿制图章工具"选项，按位 Alt 键，如图 3-4-26 所示。在 LOVE 字样处单击，然后松开"Alt"键。拖动鼠标在图像的橙色空白处进行复制，如图 3-4-27 所示。效果如图 3-4-28 所示。

图 3-4-25　原图

图 3-4-26　选中

图 3-4-27　复制

图 3-4-28　效果图

7. 图案图章工具

"图案图章工具"是以预先定义的图案为复制对象进行复制。可以将定义的图案复制到已有图案，可以从库中选择已有图案或者创建自定义图案。其选项栏如图 3-4-29 所示。

图 3-4-29　"图案图章工具"选项栏

单击"图案"下方列表框右边的小三角按钮，将弹出"图案"下拉列表，可以选取预设的图案，如图 3-4-30 所示。另外，单击右上角的按钮，可以从弹出的下拉菜单中选择"新建图案""载入图案""存储图案"和"删除图案"等命令，如图 3-4-31 所示。

打开一幅图片，如图 3-4-32 所示，选择"图案图章工具"选项，在属性选项栏中设置不透明度为 50%，并将图案设置为树图案，接着在整个图像来回涂画，绘制前景，效果如图 3-4-33 所示。

除可以从图案库中载入图案外，还可以从现有的图像中自定义全部或一个区域的图像。如图 3-4-32 所示的图片，使用工具箱中的"矩形选框工具"选取部分区域，如图 3-4-34 所示，在菜单栏中执行"编辑"—"定义图案"命令，将该选区部分定义到 Photoshop 中，如图 3-4-35 所示。在今后的软件使用中，即可用到该图案，效果如图 3-4-36 所示。

图 3-4-30　选取预设图案

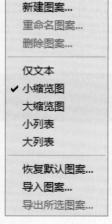

图 3-4-31　下拉菜单

图 3-4-32　设置树图案

图 3-4-33　效果图

图 3-4-34　选取图案

图 3-4-35　定义图案

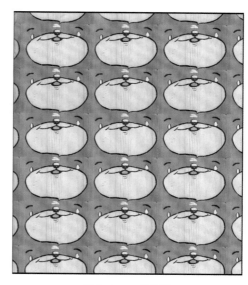

图 3-4-36　效果图

3.4.2　图像润饰工具组

1.模糊工具

使用"模糊工具"可以柔化硬边缘或减少图像中的细节。其选项栏如图 3-4-37 所示。使用该工具在某个区域上方绘制的次数越多，该区域就越模糊。

图 3-4-37　"模糊工具"选项栏

（1）画笔：可设置模糊的大小。

（2）模式：可设置像素的混合模式，有正常、变暗、变亮、色相、饱和度、颜色和亮度 7 个选项可供选择。

（3）强度：用来设置画笔的力度，数值越大，所画出线条的颜色越深，也越有力。

（4）对所有图层取样：选中该复选框，则将模糊应用于所有可见的图层；否则，只应用于当前图层。

打开一幅图片，如图 3-4-38 所示。选择工具箱中的"模糊工具"选项，设置其强度为 100%，然后对需要进行模糊处理的区域拖动鼠标，以加强画面的景深感，效果如图 3-4-39 所示。

图 3-4-38　原图

图 3-4-39　"模糊"效果

2.锐化工具

使用"锐化工具"可以增强图像中相邻像素之间的对比，以提高图像的清晰度。其选项栏如图 3-4-40 所示。

图 3-4-40　"锐化工具"选项栏

打开一张唇妆照片，如图 3-4-41 所示，选择工具箱中的"锐化工具"选项，设置其强度为 100%，然后在图像中要进行锐化处理的区域拖动鼠标，效果如图 3-4-42 所示。

图 3-4-41　原图　　　　　　　　　　　　图 3-4-42　"锐化"效果

3.涂抹工具

使用"涂抹工具"可以模拟手指划过湿油漆时所产生的效果。该工具可以拾取鼠标单击处的颜色，并沿着拖曳的方向展开这种颜色。其选项栏如图 3-4-43 所示。

图 3-4-43　"涂抹工具"选项栏

（1）对所有图层取样：选中该复选框，可以利用所有能够看到的图层中的颜色数据来进行排列。如果取消选中该复选框，则"涂抹工具"只使用现有图层的颜色。

（2）手指绘画：选中该复选框，可以使用前景色从每一笔的起点开始向鼠标拖动的方向进行涂抹，就好像用手指施上颜色在未干的油墨画上涂抹一样。如果不选中此复选框，则工具使用起点处的颜色进行涂抹。

打开一幅图片，如图 3-4-44 所示。选择工具箱中的"涂抹工具"选项，强度可设置为 80%，笔触设置大一些，对画面进行涂抹，如图 3-4-45 所示。再撤销操作（快捷键为 Ctrl+Z），恢复图片原样，选择涂抹选项中的手指绘画，即出现效果，如图 3-4-46 所示。

图 3-4-44　原图　　　　　　　　　图 3-4-45　涂抹效果　　　　　　　　图 3-4-46　手指绘画效果

4. 减淡工具

使用"减淡工具"可以对图像进行减淡处理，其选项栏如图 3-4-47 所示。在某个区域上方绘制的次数越多，该区域就会变得越亮。

图 3-4-47　"减淡工具"选项栏

（1）画笔：用于选择减淡时用的画笔的形状和大小。

（2）范围：可以对相应的色彩范围减淡，有"阴影""中间调"和"高光"3 个选项。

（3）曝光度：减淡的参数，曝光数值越大，减淡效果越强。

（4）保护色调：可以根据原图的色调减淡，强调原图明暗关系。

打开一幅图片，如图 3-4-48 所示。选择工具箱中的"减淡工具"选项，然后在需要进行减淡处理的地方进行涂抹，效果如图 3-4-49 所示。

图 3-4-48　原图　　　　　　　　　　　图 3-4-49　减淡处理效果

5. 加深工具

"加深工具"和"减淡工具"原理相同，但效果相反，它可以降低图像的亮度，通过加暗来校正图像的曝光度。其选项栏如图 3-4-50 所示。在某个区域上方绘制的次数越多，该区域就会变得越暗。

图 3-4-50 "加深工具"选项栏

"加深工具"与"减淡工具"刚好相反，可以用来制作图片的暗角、加深局部颜色等，这款工具与"减淡工具"搭配使用效果会更好。

打开一幅图片，如图 3-4-51 所示，选择"加深工具"选项，开启保护色调，然后在麦当劳饮料杯进行加深涂画，效果如图 3-4-52 所示。

图 3-4-51　原图

图 3-4-52　加深涂画

6. 海绵工具

使用"海绵工具"可以精确地更改图像某个区域的色彩饱和度。其选项栏如图 3-4-53 所示。如果是灰度图像，该工具将通过灰阶远离或靠近中间灰色来增加或降低对比度。

图 3-4-53　"海绵工具"选项栏

（1）模式：去色、加色两个选项。顾名思义，对图像色彩饱和度降低去色，或提高色彩饱和度加色。

（2）流量：可以为"海绵工具"指定流量。数值越高，修改强度越大。

（3）自然饱和度：勾选该项，在进行增加饱和度的操作时，相对保护原图色调。

范例：打开一张色彩鲜艳的图片（图 3-4-54）。使用"海绵工具"，去色模式，把流量设定为 100%，勾选"自然饱和度"选项，对画面中螺蛳粉进行涂画，将会看到效果，如图 3-4-55 所示。

图 3-4-54　原图　　　　　　　　　　　　图 3-4-55　效果图

案例实战——美化风景图像

将一张有多余物件的风景图像，利用修复工具（"污点修复画笔工具""修复画笔工具"）把多余部分删除，使图像简洁美观。素材如图 3-4-56 所示，效果如图 3-4-57 所示。

视频：案例实战——美化风景图像

图 3-4-56　素材　　　　　　　　　　　图 3-4-57　效果

具体操作步骤如下：

步骤 1　打开素材。

按 Ctrl+O 组合键，打开素材文件，如图 3-4-58 所示。

步骤 2　使用"修复画笔工具"。

使用修复工具，选择"修复画笔工具"，在图片中电线杆附近选取选区，按住 Alt 键，单击鼠标左键，进行区域选择，如图 3-4-59 所示。

步骤 3　选择画笔样式及定义画笔像素。

使用者可以在上方菜单栏，对画笔的样式及大小像素进行编辑，选择合适的修复笔触及大小，如图 3-4-60 所示。

图 3-4-58　打开素材文件

图 3-4-59　区域选择

图 3-4-60　选择合适的修复
笔触及大小

步骤 4　拖动鼠标进行修复。

按住鼠标左键，沿着电线进行向右拖动，右侧有一个小十字图标，此为对照修复区域。中途可以不断地更换对照区域，按 Alt 键进行更换，可以使修复更加自然，如图 3-4-61 所示。

图 3-4-61　拖动鼠标修复

步骤 5　利用"污点修复画笔工具"进行修复。

可以使用"污点修复画笔工具"，对电线进行修复，直接涂抹多余的电线部分，工具会自动完成修复，将天空多余的电线部分进行修复，如图 3-4-62 所示。

图 3-4-62　修复电线

步骤 6　对砖墙部分进行修复。

砖墙部分可以放大视图，便于更精确地选取选区进行操作，将"污点修复画笔工具"与"修复画笔工具"相结合，效果更佳，如图 3-4-63 所示。

图 3-4-63　修复砖墙

步骤7 利用"仿制图章工具"进行修复。

在树叶与电线杆交汇的区域，因该区域纹理较复杂，可以利用"仿制图章工具"进行修复，在使用该工具时，选取方式也是按 Alt 键进行选区选取，另外可以调整不透明度，使素材结合得更加自然，如图 3-4-64 所示。

图 3-4-64 利用"仿制图章工具"进行修复

步骤8 查看完成效果。

双击左侧小手图标，恢复到最佳视图，查看完成效果，如图 3-4-65 所示。

图 3-4-65 查看完成效果

案例实战——照片"变脸"

下载两幅人物脸部图像，利用所学过的知识，简单地为这两幅人物进行换脸操作。素材如图 3-4-66 所示，效果如图 3-4-67 所示。

图 3-4-66　素材

图 3-4-67　效果

具体操作步骤如下：

步骤 1　打开素材。

按 Ctrl+O 组合键，打开两个素材文件，如图 3-4-68 所示。

图 3-4-68　打开素材文件

步骤 2　框选需要替换的脸部图像。

利用"套索工具",设定羽化值为 30 像素,将需要替换的图片中的人物脸部图像勾选出来,框选范围如图 3-4-69 所示。

图 3-4-69　框选范围

步骤 3　移动并调整位置。

移动所选择的替换人脸至另一张图片,使用快捷键 Ctrl+T 变换选区,缩放大小,并旋转调整到合适位置,同时,利用键盘上的上下左右键轻移位置,如图 3-4-70 所示。

图 3-4-70　移动并调整位置

步骤 4 调整皮肤颜色。

为了让更换后的肤色与原人物更贴合，进行皮肤颜色的调整，执行"图像"—"调整"—"替换颜色"命令，设置参数，具体参数如图 3-4-71 所示。

图 3-4-71 替换皮肤颜色

步骤 5 调整 T 区深色区域。

针对眼睛下方及鼻梁颜色较深的 T 区，继续对其进行皮肤颜色的调整，执行"图像"—"调整"—"替换颜色"命令，设置参数，具体参数如图 3-4-72 所示。

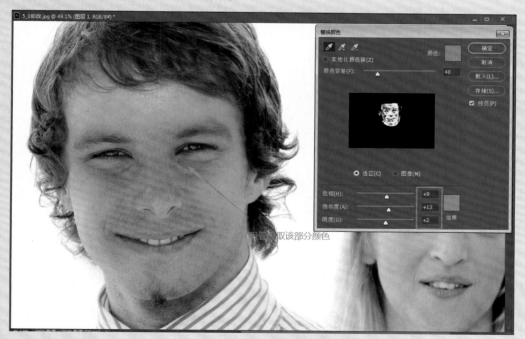

图 3-4-72 调整 T 区颜色

步骤 6 提亮肤色。

部分肤色还是略微有点暗沉，可以利用调整曝光度，对其细节进行优化，如图 3-4-73 所示。具体参数如图 3-4-74 所示。

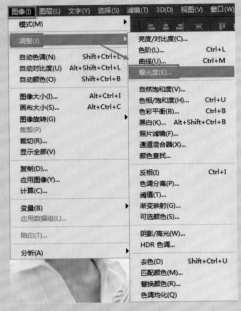

图 3-4-73 调整曝光度　　　　　　　　　　　　　　图 3-4-74 曝光度参数

步骤 7 添加蒙版修复黑眼圈。

针对眼睛下方区域，略暗沉，还可以通过添加蒙版、画笔涂抹的方式进行修复，设置不透明度为 20%，具体参数如图 3-4-75 所示。

图 3-4-75 蒙版修复黑眼圈

步骤 8 **查看完成效果。**

双击左侧小手图标，恢复到最佳视图，查看完成效果，如图 3-4-76 所示。

步骤 9 **锐化主体人物。**

同时按住键盘上的 Ctrl+Alt+Shift+E 组合键，盖印可见图层，并利用"锐化工具"，在主体人物脸部进行涂抹，使脸部皮肤质感清晰自然，如图 3-4-77 所示。

图 3-4-76　查看完成效果

图 3-4-77　锐化主体人物

步骤 10 **增加图片饱和度。**

利用"海绵工具"，在图像中所有人物的头发、脸部进行涂抹，增加图片的色彩鲜艳度，设置参数为画笔大小 1 200，模式为加色，流量为 20%，如图 3-4-78 所示。最后效果如图 3-4-79 所示。

图 3-4-78　增加图片饱和度

图 3-4-79　最终效果

任务3.5　填充工具的使用

知识要点："油漆桶工具"与"渐变工具"的使用，室内彩色平面图的制作。

在 Photoshop 中，设计者通常会利用设置的前景色和背景色来填充图层或选区，还会利用工具箱中的其他工具对图像进行填充，如"油漆桶工具"和"渐变工具"，它们可在图像中填充任意的渐变颜色或者图案效果。

3.5.1　设置前景色和背景色

填充图像之前，在工具箱中设置前景色和背景色是非常必要的一个步骤，可以将设置的前景色和背景色直接填充到图层或选区中。前景色和背景色的设置是通过工具箱进行的，单击其中的"设置前景"色块和"背景"色块，既可以打开相应的拾色器，也可以对颜色进行任意的选择。工具箱中设置前景色和背景色的工具如下。

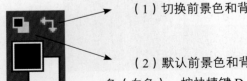

（1）切换前景色和背景色：用于切换前景色和背景色。按快捷键 X 可快速切换。

（2）默认前景色和背景色：设置颜色后，单击该按钮，可恢复默认的前景色（黑色）、背景色（白色），按快捷键 D 可快速恢复默认状态。

（3）设置前景色：用于设置前景颜色，单击该色块可以打开"拾色器（前景色）"对话框（图 3-5-1），用于选择任意的前景颜色。

（4）设置背景色：用于设置背景颜色，单击该色块可以打开"拾色器（背景色）"对话框（图 3-5-2）。在对话框中可以将任意的颜色设为背景色。选择前景色和背景色后，在工具箱中可查看已选择的前景色和背景色，如图 3-5-3 所示。

图 3-5-1　"拾色器（前景色）"对话框　　　图 3-5-2　"拾色器（背景色）"对话框　　　图 3-5-3　颜色显示

3.5.2　认识"颜色"面板

用"颜色"面板同样可以设置前景色和背景色，可以通过拖曳各颜色滑块，进行颜色的设置，在设置颜色后，在工具箱中可以查看前景色和背景色，更改颜色，执行"窗口"—"颜色"命令，即可打开"颜色"面板，"颜色"面板如图 3-5-4 所示。

图 3-5-4　"颜色"面板

（1）"颜色"面板菜单：单击"扩展"按钮，即可显示"颜色"面板菜单，该面板菜单用于设置前景色或背景色的滑块和色谱颜色。在打开的面板菜单中执行"CMYK 滑块"命令，选择后在"颜色"面板中可查看显示了 CMYK 滑块，如图 3-5-5 所示。

（2）选择前景色 / 背景色：选择当前需要设置的前景色或背景色，在色块上单击进行选择，被选择的色块以黑色边框显示。

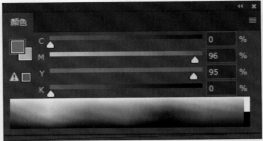

图 3-5-5　CMYK 滑块

（3）设置颜色滑块：可通过拖曳滑块位置进行颜色的设置，也可以在数值框内输入数值，进行准确的颜色设置。在面板中拖曳各滑块，前景色色块颜色即被更改，如图 3-5-6 所示。选择背景色色块后拖曳各滑块即可设置背景色，如图 3-5-7 所示。设置后在工具箱中可查看设置的前景色和背景色，如图 3-5-8 所示。

（4）色谱：将鼠标放置到色谱上，变为吸管工具图标，单击即可取样颜色。

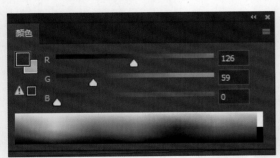

图 3-5-6　设置前景色

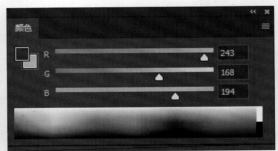

图 3-5-7　设置背景色

图 3-5-8　颜色显示

3.5.3　油漆桶工具

通过"油漆桶工具"可以在特定取样或颜色范围内填充设置的前景色或选定的图案，常用于填充色彩比较淡的图像。在工具箱中选择"油漆桶工具"选项后，在选项栏中可以选择填充为前景色或图案，工具选项栏如图 3-5-9 所示。

图 3-5-9　"油漆桶工具"选项栏

（1）设置填充区域的源：可以选择"前景"和"图案"两种源，默认为"前景"，可以使用"油漆桶工具"在图像上单击，将前景色填充到图像中，如图 3-5-10 所示；选择"图案"选项后，在选项栏中打开"图案"拾色器选择需要的图案，如图 3-5-11 所示；在图像中单击即可填充图案，如图 3-5-12 所示。

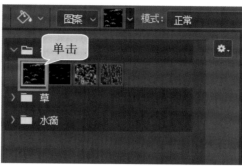

图 3-5-10　填充前景色　　　　　　　图 3-5-11　选择图案　　　　　　　图 3-5-12　填充图案

小技巧：选择填充区域的源为"图案"后，"图案"选项被启用，单击"图案"选项，在打开的"图案"拾色器中单击右上方的扩展按钮，在打开的菜单中有Photoshop中提供的多种图案，追加到拾色器中即可使用。

（2）模式：设置在填充颜色或图案时的混合模式，单击下三角按钮，在打开的下拉列表框中可选择混合模式。打开已经填充红色前景色的图（图 3-5-13），当选择"图案"选项后，设置"模式"为"滤色"，产生的效果如图 3-5-14 所示，设置"模式"为"叠加"，产生的效果如图 3-5-15 所示。

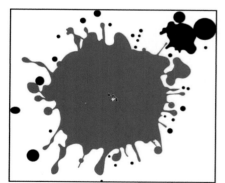

图 3-5-13　红色前景色　　　　　　　图 3-5-14　溶色效果　　　　　　　图 3-5-15　叠加效果

小技巧：Photoshop中的图案可以自定义保存及载入，且都是".pat"格式的。在Photoshop中，用"矩形选框工具"框选图案范围，然后执行"编辑"—"定义图案"–"好"命令，再选择"油漆桶工具"选项，在菜单栏下方有个填充选项框，选择"图案"，然后单击"图案"下拉按钮，会看到刚定义的图案。

（3）不透明度：设置填充颜色或图案的不透明度，默认情况下为 100%，设置的参数值越小，效果越淡，当参数值为 0% 时，填充效果不可见。

（4）容差：用于设置填充效果的应用范围，设置的数值越小，选择相似颜色的区域就越大。

（5）消除锯齿：勾选"消除锯齿"复选框后，可以平滑填充区域的边缘。

（6）连续的：勾选"连续的"复选框后，仅填充与所单击像素邻近的像素，若取消勾选，则填充图像中所有相似的像素。

（7）所有图层：勾选"所有图层"复选框后，会对所有可见图层中的合并颜色数据填充像素。

3.5.4　渐变工具

利用"渐变工具"可以绘制具有颜色变化的色带。在 Photoshop 中，利用"渐变编辑器"窗口选择渐变颜色，然后在图层或选区内单击并拖曳，即可以填充设置的渐变颜色。在工具箱中选择"渐变工具"后可利用选项栏的选项设置渐变。其工具选项栏如图 3-5-16 所示。

图 3-5-16　"渐变工具"选项栏

（1）渐变条：用于显示和设置渐变颜色。单击渐变条后下三角按钮，可以打开"渐变"拾色器。如图 3-5-17 所示，选择 Photoshop 中提供的多种渐变颜色；也可以单击渐变条打开"渐变编辑器"窗口，在窗口中设置任意的渐变颜色，窗口如图 3-5-18 所示。

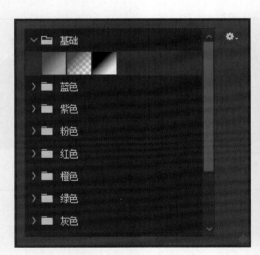

图 3-5-17　"渐变"拾色器　　　　图 3-5-18　"渐变编辑器"窗口

（2）渐变类型：用于选择渐变的类型，包括线性、径向、角度等，选择不同的渐变类型，可以填充出不同的渐变效果。打开一幅图像，如图 3-5-19 所示；渐变选项栏中的"模式"选择为"正片叠底"，选择渐变类型为默认的"线性渐变"时填充效果如图 3-5-20 所示；选择"角度渐变"类型时填充效果如图 3-5-21 所示；选择"对称渐变"类型时填充效果如图 3-5-22 所示；选择"径向渐变"类型时填充效果如图 3-5-23 所示；选择"菱形渐变"类型时填充效果如图 3-5-24 所示。

图 3-5-19 原图

图 3-5-20 线性渐变

图 3-5-21 角度渐变

图 3-5-22 对称渐变

图 3-5-23 径向渐变

图 3-5-24 菱形渐变

（3）反向：可将设置的渐变颜色进行翻转。对图像填充渐变颜色，如图 3-5-25 所示，勾选"反向"复选框后，在图像中可以查看填充渐变色反向的效果，如图 3-5-26 所示。

（4）仿色：勾选"仿色"复选框，可以更柔和地表现渐变颜色。

（5）透明区域：勾选"透明区域"复选框，可对渐变图案的透明度进行设置。

图 3-5-25 填充渐变颜色

图 3-5-26 渐变色反向效果

案例实战——利用"渐变工具"为人物图像调整背景

色彩变化丰富的背景可更好地突出主体人物,让图像整体色调更加和谐。这里利用"渐变工具"为图像填充渐变颜色,并设置图层混合模式,将色彩混合到人物图像中,再擦除人物上多余的色彩,将背景填充为渐变颜色。素材如图 3-5-27 所示,效果如图 3-5-28 所示。

图 3-5-27　素材

图 3-5-28　效果

视频:案例实战——利用"渐变工具"为人物图像调整背景

具体操作步骤如下:

步骤 1　打开素材并新建图层。

打开文件"案例实战1——利用'渐变工具'为人物图像调整背景—素材",新建"图层1"图层,如图 3-5-29 所示。

步骤 2　设置前景色。

选择"渐变工具" 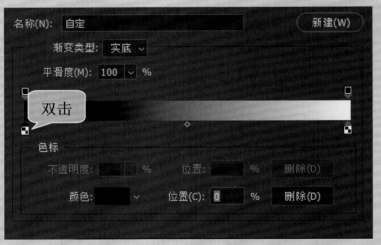 ,在选项栏中单击渐变条,打开"渐变编辑器"窗口双击左侧黑色色标,如图 3-5-30 所示。

图 3-5-29　新建图层

图 3-5-30　"渐变编辑器"窗口

步骤 3　设置左侧色标颜色。

在打开的"拾色器（色标颜色）"对话框中设置颜色为洋红色(R：187、G：128、B：178)，如图 3-5-31 所示。

步骤 4　添加色标。

设置色标颜色后，在"渐变编辑器"窗口渐变条下方中点位置单击，添加一个色标，如图 3-5-32 所示。

图 3-5-31　设置左侧色标颜色

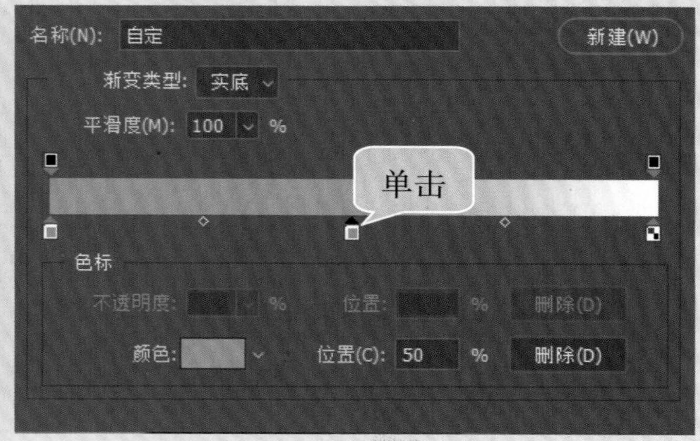

图 3-5-32　添加色标

步骤 5　设置中间色标颜色。

双击添加的色标，在打开的对话框中设置中间色标颜色为紫色（R：142、G：119、B：210），如图 3-5-33 所示。

步骤 6　设置右侧色标颜色。

在"渐变编辑器"对话框中设置右侧色标颜色为青色（R：124、G：189、B：196），如图 3-5-34 所示。

图 3-5-33　设置中间色标颜色

图 3-5-34　设置右侧色标颜色

步骤 7　填充渐变色。

设置渐变颜色后，使用"渐变工具"在图像左上角单击并拖曳至右下角，填充渐变色，如图 3-5-35 所示。

步骤 8　设置图层混合模式。

在"图层"面板中设置"图层 1"图层的混合模式为"颜色加深"，如图 3-5-36 所示。

步骤 9　查看图层混合效果。

图层混合后，在图像窗口中可查看图像被混合出渐变颜色，效果如图 3-5-37 所示。

图 3-5-35　填充渐变色　　　　　　图 3-5-36　设置图层混合模式　　　　　图 3-5-37　查看图层混合效果

步骤 10　设置"橡皮擦工具"。

选择"橡皮擦工具"选项，在其选项栏中单击画笔大小后的下三角按钮，在打开的选取器中选择画笔，如图 3-5-38 所示。

步骤 11　设置工具并涂抹。

继续在选项栏中设置"不透明度"和"流量"都为 30%，然后使用工具在图像中人物皮肤区域涂抹，如图 3-5-39 所示。

步骤 12　擦除皮肤区域的渐变颜色。

使用"橡皮擦工具"将皮肤区域的渐变颜色擦除，即人物背景填充了渐变色，如图 3-5-40 所示。

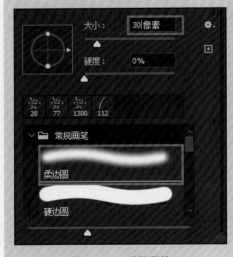

图 3-5-38　选择画笔　　　　　　　　图 3-5-39　皮肤涂抹　　　　　　　图 3-5-40　擦除皮肤区域的渐变颜色

案例实战——绘制一幅室内户型彩色平面图

彩色平面图包括以下模块：

（1）使用 AutoCAD 软件输出位图。

（2）素材模块的制作。

（3）Photoshop 绘制室内彩色平面图。

彩色平面效果图相对于普通户型线稿图，可更直观地展示给客户，能清楚地将每个房间的功能和摆设展现出来，市面上的房地产或者装饰公司都需要类似的图。

本案例主要介绍了使用 Photoshop 制作室内彩色户型平面图的方法和技巧。重点内容包括用 AutoCAD 输出位图和用 Photoshop 完成整个室内户型平面图的绘制。具体操作请扫二维码查看，素材如图 3-5-41 所示，效果如图 3-5-42 所示。

视频：使用 AutoCAD 软件输出位图

视频：素材模块的制作

视频：室内彩色平面图 Photoshop 制作流程

案例实战——绘制一幅室内户型彩色平面图（需扫二维码查看具体步骤）

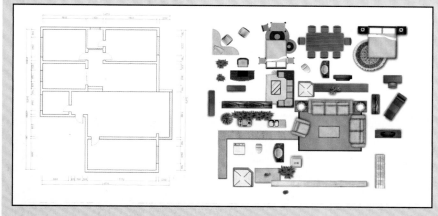

图 3-5-41　素材

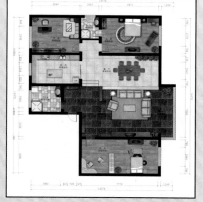

图 3-5-42　效果

任务3.6　图形的绘制与编辑

知识要点：矩形、圆角矩形、椭圆、多边形、直线、自定义形状、钢笔、自由钢笔、弯度钢笔、添加锚点、删除锚点、转换点，路径选择、直接选择工具的使用，"路径"面板的应用。

3.6.1　图形的创建

使用者可以使用 Photoshop 中预设的图形形状，也可以使用相应的工具创建出需要的图形或路径。

1．矩形工具

使用"矩形工具"可以绘制矩形、正方形图形或者路径。启用"矩形工具"有单击工具箱中的"矩形工具"按钮▢或按 Shift+U 组合键两种方法。

启用"矩形工具"，其选项栏如图 3-6-1 所示。

图 3-6-1 "矩形工具"选项栏

"矩形工具"选项栏主要选项含义如下：

"形状"按钮 [形状] 有形状、路径、像素三个选项，分别用于创建填充图形、创建矩形路径和填充像素。

打开一张图像，并用文字工具打上一个"国"字，如图 3-6-2 所示，选择"矩形工具" [□]，在属性选项栏中单击"形状图层"按钮 [形状]，在图像窗口中绘制一个矩形，图像效果及其"图层"面板如图 3-6-3 所示。在按住 Shift 键的同时在窗口中按住鼠标左键拖动，可绘制正方形的矩形。

图 3-6-2 选择"矩形工具"

图 3-6-3 图像效果和"图层"面板

若选择"矩形工具" [□]，在选项栏中单击"路径"按钮 [路径]，在图像窗口中绘制一个矩形，将生成一个矩形路径，"图层"面板中不生成新图层，所绘制路径将显示在"路径"面板中，如图 3-6-4 所示；若选择"矩形工具"，在属性选项栏中单击"填充像素"按钮，在图像窗口中绘制一个矩形，在当前图层中生成一个矩形图形，"图层"面板中不生成新图层，如图 3-6-5 所示。

（a）　　　　　　　　　　（b）

图 3-6-4 绘制矩形路径

（a）绘制路径；（b）工作路径

（a）　　　　　　　　　（b）

图 3-6-5 绘制矩形图形

（a）填充形状；（b）图层效果

"填充" [填充:] 选项：在绘制图形时，可以选择不同的填充颜色，也可以关闭填充，只绘制图形边缘。

"描边" [描边:] 选项：默认为关闭状态，绘制出的图形只有填充色，没有边缘色，开启后绘制图形，会出现边缘颜色，可以在启动该选项后设置边缘颜色，如图 3-6-6 所示；还可以通过单击"设置形状描边类型" [———] 选择描边外形，如图 3-6-7 所示。

（a）　　　　　　　　　（b）

图 3-6-6 描边

（a）未启动描边选项；（b）启动描边选项

（a）　　　　　　　　　（b）

图 3-6-7 选择描边外形

（a）"设置形状描边类型"面板；（b）描边效果

单击"矩形工具"属性栏 按钮，弹出"矩形选项"面板，如图 3-6-8 所示。在其中可以控制"矩形工具"所绘制的图形区域，"不受约束"是指绘制任意大小和比例的矩形；"方形"可以绘制正方形；"固定大小"在"W："和"H："输入宽度和高度值后绘制出固定值的矩形；"比例"在"W："和"H："输入数值后，可以绘制固定宽和高比例的矩形；"从中心"是指绘制矩形起点为矩形的中心。

勾选"对齐边缘"复选框，可以使矩形边缘自动与像素边缘重合。

图 3-6-8 "矩形选项"面板

2．圆角矩形工具

使用"圆角矩形工具"可以绘制具有平滑边缘的矩形图形或矩形路径。单击工具箱中的"圆角矩形工具"按钮 ，或按下 Shift+U 组合键，启用"圆角矩形工具"。

"圆角矩形工具"，其选项栏如图 3-6-9 所示。与"矩形工具"的选项栏类似，此处的"半径"选项，用于设置圆角矩形的平滑程度，半径越大，矩形的棱角越平滑。

图 3-6-9 "圆角矩形工具"选项栏

图 3-6-10 所示为对比图，是分别使用"矩形工具"和"圆角矩形工具"绘制的图形。

（a）

（b）

图 3-6-10 "矩形工具"与"圆角矩形工具"绘制图形对比

（a）矩形工具；（b）圆角矩形工具

3．椭圆工具

使用"椭圆工具"可以绘制椭圆形、圆形图形或路径。启用"椭圆工具"，单击工具箱中的"椭圆工具"按钮 ，或按下 Shift+U 组合键。

启用"椭圆工具"，其选项栏如图 3-6-11 所示，该选项栏与"矩形工具"选项栏类似。绘制效果如图 3-6-12 所示。

图 3-6-11 "椭圆工具"选项栏

图 3-6-12 "椭圆工具"绘制效果

 小技巧：按住 Shift 键不放可以得到圆形，否则得到的是椭圆形。

4．多边形工具

使用"多边形工具"可以绘制正多边形图形或路径。启用"多边形工具"，单击工具箱中的"多边形工具"按钮█或按下 Shift+U 组合键。

启用"多边形工具"，其选项栏如图 3-6-13 所示。它与"矩形工具"选项栏类似，此处的"边"选项，用于设置多边形的边数。

图 3-6-13 "多边形工具"选项栏

在"多边形工具"选项栏中，主要选项的含义如下：

多边形选项框█：弹出多边形选项框，在这里可以对多边形的半径、平滑拐角、星形及平滑缩进等参数进行设置，如图 3-6-14 所示。

（1）"半径"：限定绘制的多边形外接圆的半径，可以直接在文本框中输入数值。

（2）"平滑拐角"：选中此选项，多边形的边缘将更圆滑。

（3）"星形"：勾选星形，在"缩进边依据"文本框中输入百分比，可以得到向内缩进的多边形，百分比值越大，边越缩进。

（4）"平滑缩进"：选中此选项，在缩进边的同时将边缘圆滑。

"边"选项█████：用于设置多边形的边数，可以在文本框中直接输入边的数值。勾选"多边形选项框"中的"星形"，边数设置为"5"，填充为红色，绘制如图 3-6-15 所示的"五角星"形状。不勾选"星形"，填充为绿色，绘制的多边形如图 3-6-16 所示。边数设置为"5"，勾选"星形"，勾选"平滑缩进"，填充为黄色，绘制的多边形如图 3-6-17 所示。

图 3-6-14 "多边形"选项参数设置

图 3-6-15 五角形

图 3-6-16 多边形

图 3-6-17 平滑缩进的多边形

5．直线工具

使用"直线工具"可以绘制直线、带有箭头的线段图形或路径。启用"直线工具"，单击工具箱中的"直线工具"按钮█或按 Shift+U 组合键。

启用"直线工具"，其选项栏如图 3-6-18 所示。该选项栏与"矩形工具"选项栏类似，此处的"粗细"选项，用于设置线条的宽度。

图 3-6-18 "直线工具"选项栏

单击  右侧的下拉按钮，弹出"箭头"面板，如图 3-6-19 所示。选中"起点"复选框，表示箭头位于线段的始端；选中"终点"复选框，表示箭头位于线段的末端。"宽度"文本框用于设置箭头宽度和线段宽度的比值；"长度"文本框用于设置箭头长度和线段宽度的比值；"凹度"文本框用于设置箭头凹凸的形状。

图 3-6-20　起点

（1）"起点"选项：绘制的线段起点部分为箭头，如图 3-6-20 所示。

（2）"终点"选项：绘制的线段终点部分为箭头，如图 3-6-21 所示。

图 3-6-19　"箭头"面板

图 3-6-21　终点

（3）"宽度"选项：在此文本框中可以输入箭头和线段的宽度的百分比。

（4）"长度"选项：在此文本框中可以输入箭头和线段的长度的百分比。

（5）"凹度"选项：在此文本框中可以输入箭头凹进的程度。

6．自定形状工具

使用"自定形状工具"可以绘制一些已经定义好的图形或路径。单击工具箱中的"自定形状工具"按钮 或按下 Shift+U 组合键，启用"自定形状工具"。

"自定形状工具"选项栏如图 3-6-22 所示。该选项栏与"矩形工具"选项栏类似，此处的"形状"选项，用于选择所要绘制的形状。

图 3-6-22　"自定形状工具"选项栏

单击"形状"选项右边的下拉按钮，弹出如图 3-6-23 所示的"形状"面板，从中可以选择需要的形状。

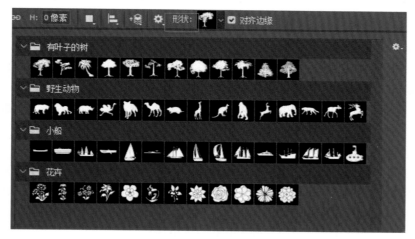

图 3-6-23　"形状"面板

3.6.2　图形路径的编辑

在 Photoshop 中编辑路径就需要先绘制出路径。绘制路径的一般步骤：首先使用"钢笔工具"或"自由钢笔工具"绘制好初始路径，然后使用"添加锚点工具""删除锚点工具""转换点工具""路径选择工具""直接选择工具"编辑路径，从而得到最终所需要的路径。

1. 钢笔工具

"钢笔工具"主要用于绘制路径，使用它可以绘制出平滑、复杂的路径。启用"钢笔工具"，单击工具箱中的"钢笔工具"按钮 ◢ 或按下 Shift+P 组合键。

启用"钢笔工具"，其选项栏如图 3-6-24 所示。

图 3-6-24 "钢笔工具"选项栏

在使用"钢笔工具"创建路径时，按住 Shift 键，可以以 45° 或 45° 的倍数绘制路径；按住 Alt 键，可以将"钢笔工具"暂时转换为"转换点工具"；按住 Ctrl 键，可以将"钢笔工具"暂时转换为"直接选择工具"。

2. 自由钢笔工具

使用"自由钢笔工具"，可以沿图像边缘生成路径。启用"自由钢笔工具"，单击工具箱中的"自由钢笔工具"按钮 ◢ 或按下 Shift+P 组合键。

"自由钢笔工具"选项栏如图 3-6-25 所示。该选项栏比"钢笔工具"选项栏多了一个"磁性的"复选框，选中该复选框，可以自动沿图像边缘生成路径。其用法与"磁性套索工具"相似。

图 3-6-25 "自由钢笔工具"选项栏

3. 弯度钢笔工具

使用"弯度钢笔工具"，可以沿图像边缘生成路径。启用"弯度钢笔工具"，单击工具箱中的"弯度钢笔工具"按钮 ◢ 或按下 Shift+P 组合键，这是 Photoshop CC 2020 新版中新增的一项工具。

"弯度钢笔工具"选项栏如图 3-6-26 所示。

图 3-6-26 "弯度钢笔工具"选项栏

4. 添加锚点工具

使用"添加锚点工具"可以在路径上添加新的锚点，每单击一次就添加一个新锚点。在工具箱中按住"钢笔工具"不放，弹出其中隐藏的所有工具，将鼠标指针移至"添加锚点工具"，即可启用"添加锚点工具"。

使用"钢笔工具"，在图像中绘制一条路径，如图 3-6-27 所示。选择"添加锚点工具" ◢，将鼠标指针移动至路径上没有锚点的区域，此时单击即可添加一个锚点，效果如图 3-6-28 所示。

5. 删除锚点工具

使用"删除锚点工具"可以删除路径上已经存在的锚点。每单击一次可删除一个锚点。在工具箱中按住"钢笔工具"不放，弹出其中隐藏的所有工具，将鼠标指针移动至"删除锚点工具"上，即可启用"删除锚点工具"。

使用"钢笔工具"，在图像中绘制一条路径，如图 3-6-29 所示。选择"删除锚点工具"，将鼠标指针移动至路径上的锚点处，此时单击即可删除该处的锚点，效果如图 3-6-30 所示。

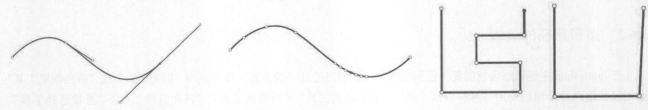

图 3-6-27 绘制路径　　　　图 3-6-28 添加锚点　　　　图 3-6-29 绘制路径　　图 3-6-30 删除锚点

6．转换点工具

利用"转换点工具"，通过调整锚点的位置、调整锚点上的控制柄可以改变线段的弧度，从而改变路径形状，得到所需的路径效果。

在工具箱中按住"钢笔工具"不放，弹出其中隐藏的所有工具，将鼠标指针移动至"转换点工具"上，即可启用"转换点工具"。

"转换点工具"的使用方法如下：

（1）使用"钢笔工具"绘制如图 3-6-31 所示的路径。

（2）选择"转换点工具"，将鼠标指针移动至最底部的锚点上，鼠标指针变为的形状，拖动鼠标调整路径的弧度，如图 3-6-32 所示。

（3）用同样的方法调整其他锚点，得到如图 3-6-33 所示。

在使用"转换点工具"选中某个锚点时，锚点两端显示出两个控制柄，按住 Shift 键，拖动锚点，可以强迫其控制柄以 45° 或 45° 的倍数进行改变；按住 Alt 键，拖动控制柄，可以改变两个控制柄中的任意一个，而不影响另一个的位置。

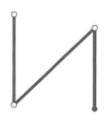  

图 3-6-31　绘制路径　　　　图 3-6-32　调整路径弧度　　　　图 3-6-33　调整其他锚点

7．路径选择工具

使用"路径选择工具"可以选择一条或几条路径，并对其进行移动、组合、对齐、分布和变形等操作。启用"路径选择工具"有单击工具箱中的"路径选择工具"按钮或按下 Shift+A 组合键两种方法。

"路径选择工具"选项栏如图 3-6-34 所示。"路径选择工具"的使用方法如下：

（1）使用"钢笔工具"绘制一条路径，如图 3-6-35 所示。

（2）使用"椭圆工具"在"椭圆工具"选项栏中的"形状"下拉菜单中选择"路径"选项，在路径上方绘制一个圆形路径，使这两个路径有重叠的区域，如图 3-6-36 所示。

（3）使用"路径选择工具"将这两个路径同时选中，然后单击选项栏中的"路径操作"按钮，在下拉菜单中选择"合并形状组件"将两个路径组合为一条路径，效果如图 3-6-37 所示。

图 3-6-34　"路径选择工具"选项栏

 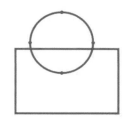 

图 3-6-35　绘制路径　　　　图 3-6-36　两路径有重叠区域　　　　图 3-6-37　合并路径

8．直接选择工具

使用"直接选择工具" ▶ 可以移动路径中的锚点或线段，还可以调整控制柄的位置。

启用"直接选择工具"有单击工具箱中的"直接选择工具"按钮或按 Shift+A 组合键两种方法。

下面通过实例介绍"直接选择工具"的使用方法：

（1）使用"椭圆工具"，绘制一个圆形路径，如图 3-6-38 所示。

（2）选择"直接选择工具"，在图像中拖动鼠标绘制出一个矩形框，将要调整的锚点框选住，如图 3-6-39 所示。

（3）将鼠标指针移动至选中的锚点上，鼠标指针变为如图 3-6-40 所示的形状，向上拖动鼠标，即可调整该锚点的位置，如图 3-6-41 所示。

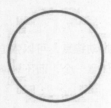 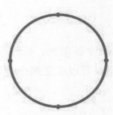  

图 3-6-38　圆形路径　　　图 3-6-39　框选锚点　　　图 3-6-40　选中锚点　　　图 3-6-41　调整锚点

3.6.3　"路径"面板的应用

使用路径可以选取复杂的图像，还可以将选取的图像存储为选区，以便今后使用。

1．路径基础知识

在 Photoshop 中可以使用路径工具绘制出平滑、复杂的路径。图 3-42 所示为使用"钢笔工具"绘制出的一条路径，路径上的基本点和线的含义如下：

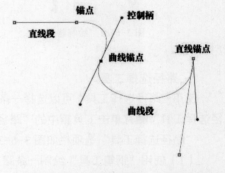

图 3-6-42　"钢笔工具"绘制的路径

锚点：由"钢笔工具"创建，是一条路径中两条线段的交点，路径是由锚点组成的。

曲线锚点：曲线锚点是带有两个独立控制柄的锚点，曲线锚点是两条曲线段之间的连接点。

控制柄：拖动控制柄可以改变曲线的弧度。

直线锚点：直线锚点是一条直线段与一条曲线段的连接点。按住 Alt 键单击刚建立的锚点，可以将锚点转换为带有一个独立控制柄的直线锚点。

直线段：用"钢笔工具"在图像中单击两个不同的位置，可以在两点之间创建一条直线段。

曲线段：拖动曲线锚点可以创建一条曲线段。

2．"路径"面板

执行"窗口"—"路径"命令，弹出"路径"面板，如图 3-6-43 所示。

"路径"面板底部有 6 个按钮，它们的含义分别如下：

"用前景色填充路径"按钮：单击该按钮，可以用前景色填充当前路径。

"用画笔描边路径"按钮：单击该按钮，可以用前景色为当前路径描边。

"将路径作为选区载入"按钮：单击该按钮，可以将当前路径转换为选区。

"从选区生成工作路径"按钮：单击该按钮，可以将图像中的选区转换为路径。

"创建新路径"按钮：单击该按钮，可以新建一个路径图层。

"删除当前路径"按钮：单击该按钮，可以删除当前路径。

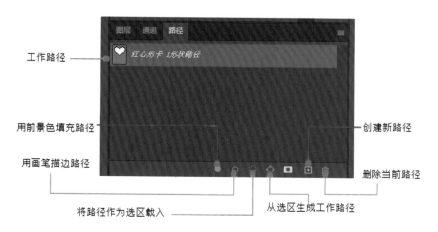

图 3-6-43 "路径"面板

3. 路径的填充

在 Photoshop 中，路径与选区相似，用户可以为路径填充纯色、图案等，填充路径的方法有以下几种：

（1）选中要填充的路径，单击"路径"面板下方的"用前景色填充路径"按钮，即可为路径填充前景色。

（2）选中要填充的路径，在按住 Alt 键的同时，单击"路径"面板下方的"用前景色填充路径"按钮，弹出"填充路径"对话框，如图 3-6-44 所示。在"使用"下拉列表框中选择"使用颜色还是图案"进行填充，"模式"用于设置混合模式，"不透明度"用于设置填充不透明度，"保留透明区域"用于保护图像中的透明区域，"羽化半径"用于设置柔化边缘的数值。

图 3-6-44 "填充路径"对话框

4. 路径的描边

路径描边的方法有以下几种：

（1）选中要描边的路径，单击"路径"面板下方的"用画笔描边路径"按钮，即可用画笔在路径边缘描绘出前景色。

（2）选中要描边的路径，在按住 Alt 键的同时，单击"路径"面板下方的"用画笔描边路径"按钮，弹出"描边路径"对话框，如图 3-6-45 所示，在其中可以选择使用哪种工具为路径描边。

图 3-6-45 "描边路径"对话框

5. 路径与选区的转化

在 Photoshop 中可以将路径与选区相互转化，下面分别进行介绍。

（1）将路径转化为选区。将路径转化为选区主要有以下几种方法：

①单击"路径"面板下方的"将路径作为选区载入"按钮，可以将路径转化为选区。

②右击图像中的路径，从弹出的快捷菜单中选择"建立选区"命令，弹出如图 3-6-46 所示的"建立选区"对话框，设置完成后，单击"确定"按钮，即可将路径转换成选区。在图像中创建路径后，按下 Ctrl+Enter 组合键，可以将路径转化为选区。

（2）将选区转化为路径。将选区转化为路径的方法有以下几种：

①单击"路径"面板下方的"从选区生成工作路径"按钮，可以将选区转化为路径。

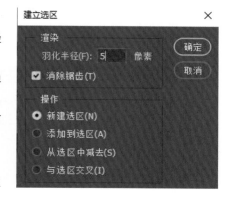

图 3-6-46 "建立选区"对话框

②单击"路径"面板右上角的按钮，在弹出的下拉菜单中选择"建立工作路径"命令（3-6-47），弹出"建立工作路径"对话框，如图 3-6-48 所示。在该对话框中，"容差"用于设置转化时的误差允许范围，数值越小越精确，路径上的锚点也越多。设置完成后，单击"确定"按钮，如图 3-6-49 所示，即可将选区转化为路径。

6．输出剪贴路径

在输出剪贴路径时，首先需要绘制工作路径，以定义要显示的图像区域。然后将该工作路径拖至"路径"面板底部的"创建新路径"按钮上，将它转换为路径，如图 3-6-50 所示；选择"路径"面板下拉菜单中的"剪贴路径"命令，"剪贴路径"对话框如图 3-6-51 所示。

在"剪贴路径"对话框中，各选项的含义如下：

路径：在该下拉列表框中选择要存储的路径。

展平度：可以将"展平度"文本框留空，以便使用打印机的默认值打印图像。如果遇到打印错误，可输入一个展平度值以确定 PostScript 解释程序如何模拟曲线。展平度值越低，用于绘制曲线的直线数量就越多，曲线也就越精确。该值的范围为 0.2 ～ 100。通常，打印高分辨率图像（1 200 ～ 2 400 dpi）时，建议设置展平度为 8 ～ 10；打印低分辨率图像（300 ～ 600 dpi）时，建议设置展平度为 1 ～ 3。

注意：为了保证低分辨率图像的打印质量，可以将展平度设置得低一些，这样精确度高，打印质量也会更好一些。

选择设置完成后，单击"确定"按钮关闭对话框，最后存储文件。如果使用 PostScript 打印机打印文件，应以 eps、dcs 或 pdf 格式存储文件；如果要使用非 PostScript 打印机打印文件，应以 TIFF 格式存储文件并将其导出到 InDesign 或 PageMaker 5.0 或更高版本。路径是基于矢量的对象，因此它们都具有硬边。在创建图像剪贴路径时，无法保留羽化边缘（如在阴影中）的转化度。

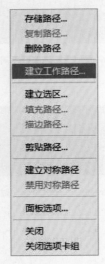

图 3-6-47　建立工作路径

图 3-6-48　建立工作路径对话框

图 3-6-49　选区转为路径

图 3-6-50　创建新路径

图 3-6-51　"剪贴路径"对话框

案例实战——给人物图添加图形背景

　　利用"自定义形状工具"给人物添加图形背景。首先在 2020 版"自定义形状工具"中发现找不到以前的一些图案，可以做一些设置显示旧版的图案。执行"窗口"—"形状"—"旧版形状及其他"命令，这样就可以发现以前版本的图案了。具体操作请扫二维码查看。素材如图 3-6-52 所示，效果如图 3-6-53 所示。

视频：案例实战——给人物图添加图形背景

案例实战——给人物图添加图形背景（需扫二维码查看具体步骤）

图 3-6-52　素材　　　　　　　　　　图 3-6-53　效果

案例实战——利用"钢笔工具"精确抠取图中主体

　　将一幅背景杂乱的图形，利用"钢笔工具"精确抠取图中主体。
　　素材如图 3-6-54 和图 3-6-55 所示，效果如图 3-6-56 所示。

视频：案例实战——利用"钢笔工具"精确抠取图中主体

图 3-6-54　素材（一）　　　　图 3-6-55　素材（二）　　　　图 3-6-56　效果

具体操作步骤如下：

步骤 1　"钢笔工具"选择人物。

选择"钢笔工具"，沿着人物的轮廓绘制，如图 3-6-57 所示。

步骤 2　绘制路径。

使用"钢笔工具"绘制时，按住 Alt 键将一边曲线杆去掉。作用是避免影响下一个锚点的曲线效果，可以调整线条的弯曲度，如图 3-6-58 所示，使其正好紧贴人物边缘，在绘制中需要退回上一步，可按键盘上 Backspace 退格键返回上一个锚点。最后绘制回到起点处，单击即可封闭路径，完成路径的绘制，效果如图 3-6-59 所示。

图 3-6-57　沿轮廓绘制

图 3-6-58　去掉曲线杆

图 3-6-59　绘制效果

步骤 3　将路径作为选区载入。

绘制完成后，单击"路径"选择工作路径，单击鼠标右键并选择"新建选区"选项，如图 3-6-60 和图 3-6-61 所示，效果如图 3-6-62 所示。

步骤 4　复制图层。

返回"图层"面板单击"背景"图层，使用快捷键 Ctrl+J 建立新图层，最后将那些白色区域利用"仿制图章工具"或者其他工具进行微调，效果如图 3-6-63 所示。

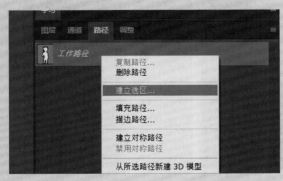

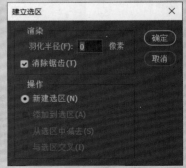

图 3-6-60　新建选区

图 3-6-61　选区参数

步骤 5　调整人物。

为了画面更丰富，打开素材图 3-6-55，并且将不需要的字体去掉，将刚刚复制出来的人物拖动到图 3-6-55 中，调整合适的位置。最后把人物图层的混合模式更改为"线性光"，效果如图 3-6-64 所示。

图 3-6-62　选区效果

图 3-6-63　微调效果

图 3-6-64　最终效果

任务3.7　文字的编辑与应用

知识要点：文字的创建、"字符"与"段落"面板的应用、认识"段落"面板、文字的变形处理、文字在计算机中安装的方法。

Photoshop 提供了全面的文字控制功能，可以制作出意想不到的效果，同时，文字变形操作可以对文本自由的扭曲变化创建出各种文字特效。在图像中，文字是必不可缺的组成部分，为数不多的文字可以在图像中起到画龙点睛的作用，下面通过实际操作介绍文字的编辑与应用。

3.7.1　文字的创建

打开 Photoshop，执行"文件"—"新建"命令或按下 Ctrl+N 组合键，弹出"新建"对话框。在"名称"输入框中输入新的文件名称——"文字的创建"，图像大小为 500 px × 500 px。

在 Photoshop 工具栏中，有四种"文字工具"，分别为"横排文字工具""直排文字工具""横排文字蒙版工具""直排文字蒙版工具"，显示效果如图 3-7-1 所示。其中各选项功能如下：

（1）"横排文字工具"用于添加水平方向的文字。

（2）"直排文字工具"用于添加垂直方向的文字。

（3）"横排文字蒙版工具"用于添加水平方向的文字，并将文字区域转化为蒙版或选区。

（4）"直排文字蒙版工具"用于添加垂直方向的文字，并将文字区域转化为蒙版或选区。

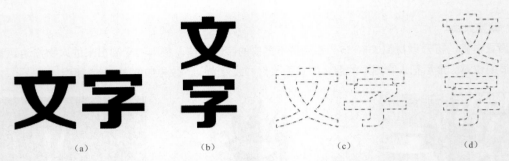

(a)　　　　　　(b)　　　　　　(c)　　　　　　(d)

图 3-7-1　"文字工具"类型

(a) 横排文字；(b) 直排文字；(c) 横排文字蒙版；(d) 直排文字蒙版

　　输入文字的方法很简单，在工具栏中选择"横排文字工具" T，然后在工具选项栏中设置各项参数，如图 3-7-2 所示，设置好参数后，移动鼠标指针到图像窗口中，单击"确定"按钮，输入文字的位置，进入文本编辑状态，接着输入文本内容，文本输入完毕后单击"提交所有当前编辑" ✓ 按钮确认输入，如果在输入文本后单击"取消所有当前编辑"按钮 ⊘，则可以取消当前输入文字的操作。

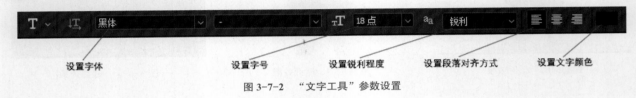

设置字体　　　　　　设置字号　　设置锐利程度　　设置段落对齐方式　　设置文字颜色

图 3-7-2　"文字工具"参数设置

3.7.2　"字符"面板的应用

　　在工具栏中选择"横排文字工具"，并在"文字工具"选项栏中单击"切换字符和段落调版"按钮，执行"窗口"—"字符"命令，打开"字符"面板，如图 3-7-3 所示，可以在"字符"面板中进行各项参数设置。

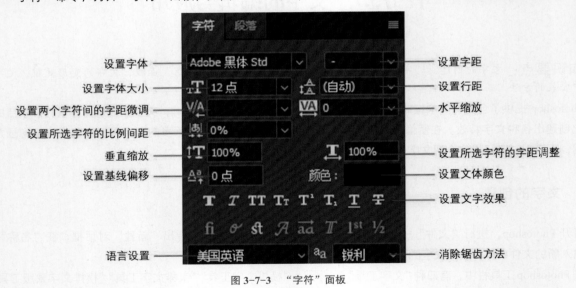

设置字体　　　　　　　　　设置字距
设置字体大小　　　　　　　设置行距
设置两个字符间的字距微调　水平缩放
设置所选字符的比例间距
垂直缩放　　　　　　　　　设置所选字符的字距调整
设置基线偏移　　　　　　　设置文体颜色
　　　　　　　　　　　　　设置文字效果
语言设置　　　　　　　　　消除锯齿方法

图 3-7-3　"字符"面板

3.7.3　"段落"面板的应用

　　在工具栏中选择"横排文字工具"选项，并在"文字工具"选项栏中单击"切换字符和段落调版"按钮，执行"窗口"—"段落"命令，打开"段落"面板，如图 3-7-4 所示。可以在"段落"面板中进行各项参数设置。

图 3-7-4 "段落"面板

3.7.4 文字的变形处理

"文字工具"可以对文字进行各种各样的变形，如制作扇形、旗帜、波浪等，为用户进行平面创意提供文字处理的最佳手段。

设置变形文字的方法是在工具栏中选择"文字工具"选项，将鼠标指针移动到图像窗口中单击，进入文本编辑状态，然后在工具选项栏中单击"创建变形文本"按钮，弹出"变形文字"对话框，在"样式"下拉列表中选择变形样式，如图 3-7-5 所示。

例如，选择"拱形"选项，然后设置弯曲方向是"水平"方向或是"垂直"方向，接下来，分别在"弯曲""水平扭曲""垂直扭曲"滑杆上调整弯曲文本的弯曲程度、水平扭曲及垂直扭曲参数，如图 3-7-6 所示。

设置完毕后，单击"确定"按钮，即可以得到弯曲变形后的文字，效果如图 3-7-7 所示。

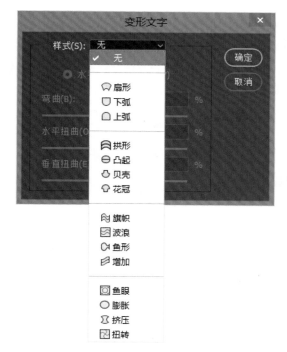

图 3-7-5 "样式"下拉列表

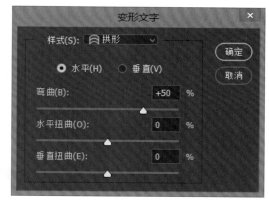

图 3-7-6 "变形文字"对话框

图 3-7-7 文字变形效果

3.7.5 字体的安装

看到别人的计算机中字体的样式百变多样，可自己的计算机里却只有宋体、黑体这些最简单的样式，怎么才能给自己的计算机中也装入好看的字体呢?

1. 方法一

（1）上网搜索一款新型的字体并下载，一般可以打包下载一个字体库，这样字体的样式就会更多一些，如图3-7-8所示。

（2）执行"开始"—"设置"—"控制面板"命令，找到字体文件夹。这个文件夹中保存着系统中所有的字体样式。

（3）将刚刚下载的字体全选，然后剪切或复制到字体文件夹中，系统会直接显示字体正在安装。安装完成后可查看字体文件夹中显示出新安装的字体文件。

图 3-7-8 字体库

（4）打开 Photoshop，新建一个画布，选择"文字工具"，输入文字"新字体"三个字。然后在工具选项栏中"设置字体"处选择新安装的字体，就可以查看新字体的效果了。

2. 方法二

打开"我的电脑（计算机）"，在地址栏输入 C：\WINDOWS\Fonts，打开 Windows 字体文件夹。

复制解压出来的字体文件，粘贴到 C：\WINDOWS\Fonts 文件夹里。字体即完成安装，如图3-7-9所示。

3. 方法三

鼠标右键单击字体文件，然后在弹出的列表中单击"安装"按钮进行字体安装。字体很快就完成安装，如图3-7-10所示。

这种方法安装更为方便，安装后字体文件都保存在系统盘的 Font（字体）文件夹。

注意事项：在 Photoshop 中安装字体使用后，保存为 PSD 格式的文件，若在另一台计算机中打开该文件，则可能会出现字体缺失的情况。其原因在于该计算机中没有安装相应的字体文件。解决方法一：关闭文件，在计算机上安装相应的字体文件；解决方法二：将文件进行栅格化，其缺点在于栅格化的文字将不能进行字符的变更。

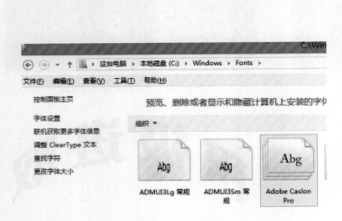

图 3-7-9 字体安装

图 3-7-10 右键菜单

案例实战——利用文字蒙版工具创建有图案的文字

利用文字蒙版工具创建文字选区，通过"图层样式"的设置，设置有图案的文字效果。具体操作步骤如下。素材如图 3-7-11 所示，效果如图 3-7-12 所示。

图 3-7-11　素材

图 3-7-12　效果

视频：案例实战——利用文字蒙版工具创建有图案的文字

步骤 1　打开素材。

按下 Ctrl+O 组合键（或双击鼠标左键工作区空白处），打开素材文件。

步骤 2　选择工具，设置参数。

选择"文字工具"里面的"横排文字蒙版工具"，如图 3-7-13 所示，文字属性栏设置如图 3-7-14 所示。

步骤 3　文字蒙版工具。

在素材图片中单击并输入"2020"的字样，然后单击"确定"按钮，得到如图 3-7-15 所示的样子。

步骤 4　变换选区。

选择"选框工具"将"2020"的字样选区移动到合适位置，选择"选择"菜单栏里面的"变换选区"选项，将字样选区进行大小与位置的调整，如图 3-7-16 所示。

图 3-7-13　文字工具组

图 3-7-14　文字属性栏设置

图 3-7-15　输入字样

图 3-7-16　移动并调整字样

步骤 5　图层样式设置。

按快捷键 CTRL+J 将"2020"的字样选区的内容复制到一个新的图层里，并按图层的眼睛隐藏背景图层观看效果，如图 3-7-17 所示。然后打开"图层样式"里面的"斜面和浮雕"，如图 3-7-18 所示。

步骤 6　最终效果。

确定并将内容移动到画面中间位置，得到最终效果，如图 3-7-19 所示。

图 3-7-17　背景图层效果　　　　　　图 3-7-18　斜面和浮雕　　　　　　图 3-7-19　最终效果

案例实战——在路径上添加文字

利用"钢笔工具"绘制路径，并使用"文字工具"创建文字路径，最后设置"图层样式"，达到最终效果，具体请扫二维码查看。素材如图 3-7-20 所示，效果如图 3-7-21 所示。

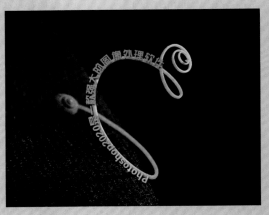

视频：案例实战——在路径上添加文字

案例实战——在路径上添加文字（需扫二维码查看具体步骤）

图 3-7-20　素材　　　　　　　　　　图 3-7-21　效果

图层的应用

任务4.1 认识图层

知识要点: 图层基础、新建图层、复制和删除、显示与隐藏图层、图层的选择、链接和排列、合并图层、图层组、使用命令、"历史记录"面板。

图层在 Photoshop 中起着"灵魂"作用,很多操作都离不开图层,掌握图层的应用非常重要。本项目主要介绍图层的基本概念和操作内容,了解图层的含义,认识图层类型,学习"图层"面板的使用方法,熟悉图层样式及图层混合模式的操作。

4.1.1 图层基础知识

Photoshop 中图层可以看作合成图形图像的一张张透明玻璃,每一张图层上都保存着不同的图像,如果图层上没有图像或存在透明区域,就可以透过上面图层的透明区域看到下面图层的图像,图像也可以由多个或多种图层组成,如图 4-1-1 所示。常用的图像在打开时通常只有一个背景图层,在设计过程中可以利用图像图层放置不同的图像元素。所有关于图层的操作都可以通过"图层"面板来实现。

图 4-1-1 图层

以下是关于图层的几个常用术语：

（1）图像图层：图像图层是创作各种合成效果的重要途径。可以将不同的图像放在不同的图层上进行独立操作而对其他的图层不产生影响。在默认的情况下，图层中灰白相间的方格表示该区域没有像素，是透明状态。如果将图像中某部分删除，该部分将变成透明，而不像"背景"那样显示工具箱中的背景色。

（2）图层蒙版：图层蒙版附加在图层之上，可以遮住图层上的部分区域而让其下方图层中的图像显露出灰度图像，蒙版相当于一个 8 位灰阶的 Alpha 通道。

（3）填充图层：填充图层是采用填充的图层制造出特殊的效果，填充图层共有"纯色""渐变"和"图案"3 种形式。

（4）调整图层：在调整图层中可以进行各种色彩调整。调整图层同时具有图层的大多数功能，包括不透明度、色彩模式及图层蒙版等。

（5）智能对象：智能对象是嵌入在图像中的一个文件，使用一个或多个选定的图层创建智能对象，实际上是在该图像文件中创建了一个新的图像文件，可以对其进行多次编辑。

（6）图层样式：图层样式是一种在图层中应用投影、发光、斜面、浮雕和其他效果的快捷方式，将图层效果保存为图层样式以便重复使用。

4.1.2 新建图层

在 Photoshop 中，共有下列几种方法建立新图层。

1．在"图层"面板中创建新图层

单击"图层"面板底部的图标，在"图层"面板中就会出现自动命名为"图层 1"的空白（透明）图层，但在背景图层下面不能创建新图层，如图 4-1-2 所示。

2．通过"图层"面板弹出的菜单建立新图层

在"图层"面板中，单击面板右上方的图标，会弹出如图 4-1-3 所示的菜单，选择菜单中的"新建图层"命令，弹出"新建图层"对话框，可以对新建图层进行名称、颜色等设置，如图 4-1-4 所示，单击"确定"按钮后，即可在"图层"面板中创建一个新图层。

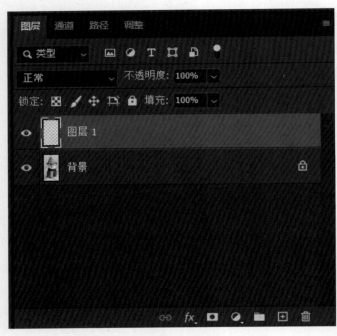

图 4-1-2　在"图层"面板中创建新图层

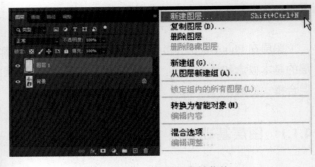

图 4-1-3　"图层"右键菜单

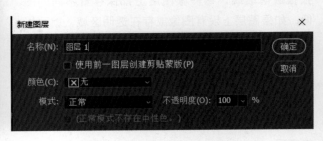

图 4-1-4　"新建图层"对话框

3. 通过复制和粘贴命令创建新图层

在 Photoshop 中，"复制"命令有以下两种形式：

（1）在图像中使用"选框工具"创建了选区，执行"图层"—"新建"—"通过拷贝的图层"命令，或使用快捷键 Ctrl+J 组合键，可以将选中的图像复制到一个新的图层，原背景图层内容保持不变；如果没有创建选区，则执行"通过复制的图层"命令，可以快速复制当前图层，这种复制方式仅在一个源文件中进行图层的创建，如图 4-1-5 所示。

（2）在图像中使用"选框工具"创建选区范围，如果整幅图像都需要粘贴到另一幅图像上，则可以通过执行"选择"—"全部"命令将图像全选后，执行"编辑"—"复制"命令进行复制。切换到另一幅图像上，执行"编辑"—"粘贴"命令，软件会自动给所粘贴的图像新建一个图层，这种复制方式在两个或多个源文件之间进行图层的创建，如图 4-1-6 所示。

4. 通过拖放建立新图层

首先同时打开两张图像，然后选择工具箱右上角的"移动工具"，按住鼠标左键将当前图像拖放到另一张图像上，拖动过程中会有虚线框显示。当另一张图像四周有较粗的黑线框出现时，松开鼠标左键，在另一张图像上就会出现被拖动的图像，而且是在一个新图层上。拖动的图像被复制到一个新图层上，原图不受影响。

5. 通过剪切到图层命令创建图层

在图像中使用"选框工具"创建了选区，执行"图像"—"新建"—"通过剪切到图层"命令或按下 Shift+Ctrl+J 组合键，可以将选区中的图像从原图层中剪切到一个新图层中。

6. 创建背景图

当文档中没有"背景"图层时，选择一个图层，执行"图层"—"新建"—"图层背景"命令，可以将选中图层转换为背景图层；在有背景图层的情况下，也可以双击"背景"图层，弹出"新建图层"对话框后，单击"确定"按钮，将背景图层转换成新图层，如图 4-1-7 所示。

图 4-1-5　通过复制和粘贴命令创建新图层

（a）　　　　　　　　　　（b）

图 4-1-6　创建选区并复制图层

（a）创建选区；（b）复制图层

图 4-1-7　图层与背景图层转换

4.1.3　复制、删除和重命名图层

1. 复制图层的方法

（1）使用"图层"面板弹出式菜单：单击"图层"面板右上方的图标，在弹出式菜单中执行"复制图层"命令，将弹出"复制图层"对话框，如图 4-1-8 所示。在对话框中，"为（A）"选项用于设定复制层的名称；"文档"选项用于设定复制层的文件来源。

图 4-1-8　"复制图层"对话框

（2）使用"图层"面板按钮：按住鼠标左键，将"图层"面板中需要复制的图层拖曳到下方的"创建新图层"按钮上，可将所选图层复制到一个新图层，如图 4-1-9 所示。

（3）使用"图层"命令：在菜单栏执行"图层"—"复制图层"命令，系统将弹出"复制图层"对话框。

（4）使用鼠标拖曳的方法复制不同图像之间的图层：打开目标图像和需要复制的图像。将需要复制图像的图像拖曳到目标图像的图层中，完成图层复制。

2. 删除图层的方法

（1）使用"图层"面板弹出式菜单：单击"图层"面板右上方的图标，在弹出式菜单中执行"删除图层"命令，将弹出提示对话框，如图 4-1-10 所示。

（2）使用"图层"面板按钮：单击"图层"面板中的"删除图层"按钮，弹出提示对话框，单击"是"按钮，即可删除图层。或者按住鼠标左键，将需要删除的图层拖曳到"删除图层"按钮进行删除。

图 4-1-9　拖曳复制

（3）使用"图层"菜单命令：在菜单栏执行"图层"—"删除"—"图层"命令，弹出提示对话框，单击"是"按钮，即可删除图层。

（4）使用"Delete"删除键命令：可在当前图层上直接按"Delete"删除键进行该图层的删除。

在菜单栏执行"图层"—"删除"—"隐藏图层"命令，系统将弹出提示对话框，单击"是"按钮，可以将隐藏的图层删除。

3. 重命名图层的方法

对图层进行重命名需要双击鼠标左键，该图层的原始名、图层名称即呈现出可编辑状态，此时输入新的图层名称，按 Enter 键确认即可对图层进行重命名，如图 4-1-11 所示。

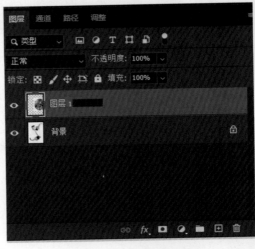

图 4-1-10　弹出式菜单删除图层

图 4-1-11　重命名图层

4.1.4 显示与隐藏图层

显示和隐藏图层有以下 2 种方法：

（1）使用"图层"面板图标：单击"图层"面板中任意图层左侧的眼睛图标，可以显示或隐藏这个图层。

（2）使用快捷键：按住 Alt 键，单击"图层"面板中任意图层左侧的眼睛图标，此时，"图层"面板中只显示这个图标，其他图层被隐藏。再次单击"图层"面板中的这个图层左边的眼睛图标，将显示全部图层，如图 4-1-12 所示。

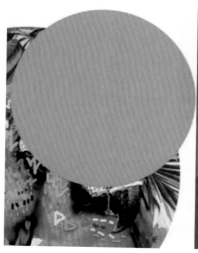

图 4-1-12 显示和隐藏图层

4.1.5 图层的选择、链接、排列

1. 选择图层的方法

（1）使用鼠标：单击"图层"面板中的任意一个图层，即可选择这个图层。

（2）使用鼠标右键：在工具栏选择"移动工具"，单击鼠标右键窗口中的图像，弹出一组供选择的图层选项菜单，选择所需要的图层即可。将鼠标的光标靠近需要的图层进行以上操作，就可以选择这个图像所在的图层，如图 4-1-13 所示。

2. 链接图层的方法

按住 Ctrl 键，连续单击选择多个要链接的图层，单击"图层"面板下方的"链接图层"按钮，图层中显示出链接图标，表示将所选图层链接，如图 4-1-14 所示。图层链接后，将成为一组，当对一个链接图层进行操作时，将会影响一组链接图层。再次单击"图层"面板中的"链接图层"按钮，表示取消链接图层。

提示：选择链接图层，再执行"图层"—"对齐"命令，弹出"对齐"命令的子菜单，选择需要的对齐方式命令，可以按设置对齐链接图层中的图像。

图 4-1-13 选择图层

图 4-1-14　链接图层

3. 排列图层方法

（1）使用鼠标拖放：单击"图层"面板中的任意一个图层并按住鼠标左键不放，拖曳鼠标可以将其调整到其他图层的上方或下方。背景图层不能移动拖放，需要将其先转换为普通层才能进行移动拖放。

（2）使用"图层"命令：在菜单栏执行"图层"—"排列"命令，弹出"排列"命令的子菜单，选择其中的排列方式即可，如图 4-1-15 所示。

（3）使用快捷键：按住 Ctrl+［组合键，可以将当前层向下移动一层；按住 Ctrl+］组合键，可以将当前层向上移动一层；按住 Shift+Ctrl+［组合键，可以将当前层移动到全部图层的底层；按住 Shift+Ctrl+］组合键，可以将当前层移动到全部图层的顶层。

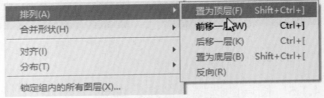

图 4-1-15　排列图层

4.1.6　合并图层

在编辑图像的过程中，可以将图层进行合并，选项如图 4-1-16 所示。

（1）"向下合并"命令用于向下合并一个图层。单击"图层"面板右上方的图标，在弹出的下拉命令菜单中选择"向下合并"命令，或按住 Ctrl+E 组合键即可，如图 4-1-17 所示。

图 4-1-16　合并图层选项

图 4-1-17　向下合并

（2）"合并可见图层"命令用于合并所有可见图层，单击"图层"面板右上方的图标，在弹出的下拉命令菜单中执行"合并可见图层"命令，或按住 Shift+Ctrl+E 组合键即可，合并可见图层的关键在于图层是可见还是被隐藏，如果图层被隐藏将无法合并，如图 4-1-18 所示。

（3）"拼合图像"命令用于合并所有的图层。单击"图层"面板右上方的图标，在弹出的下拉命令菜单中执行"拼合图像"命令，也可以在菜单栏执行"图层"—"拼合图像"命令，如图 4-1-19 所示。

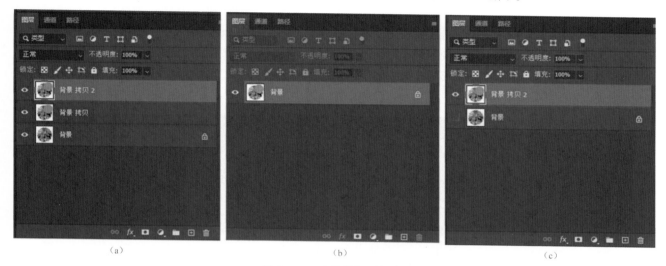

图 4-1-18　合并所有可见图层

（a）三个可见图层；（b）合并可见图层；（c）隐藏图层无法合并

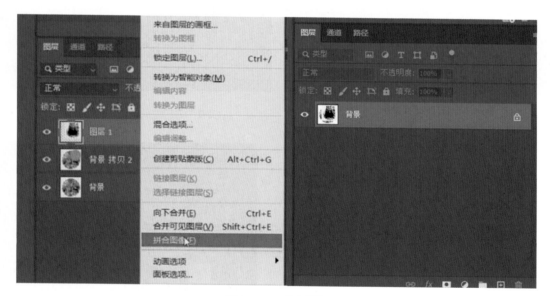

图 4-1-19　拼合图像

4.1.7　图层组

在 Photoshop 中，使用图层组按逻辑顺序排列图层，可以将多个图层建立在一个图层组中，并减轻"图层"面板中的杂乱情况。

新建图层组有以下几种方法：

（1）使用"图层"面板弹出式菜单：单击"图层"面板右上方的图标，在弹出菜单中执行"新建组"命令，弹出

"新建组"对话框，可在对话框中对"新建组"的名称等进行设置，如图4-1-20所示；单击"确定"按钮，建立如图4-1-21所示的图层组"组1"。

（2）使用"图层"面板按钮：单击"图层"面板中的"创建新组"按钮，即可新建一个图层组，如图4-1-22所示。

图4-1-20 "新建组"对话框

（3）使用"图层"命令：执行"图层"—"新建"—"组"命令，也可以新建图层组，如图4-1-23所示。

在"图层"面板中，可以按照需要的级次关系新建图层组，可以将多个已建立图层放入一个新的图层组，操作的方法很简单，将"图层"面板中的已建立图层图标拖放到新的图层组图标上即可；也可以将图层组中的图层拖放到图层组外，如图4-1-24所示。

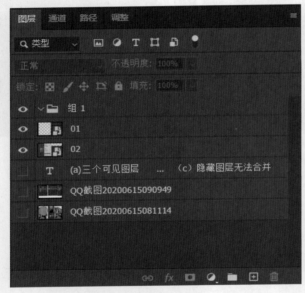

图4-1-21 图层组"组1"

图4-1-22 用图层组按钮创建新组

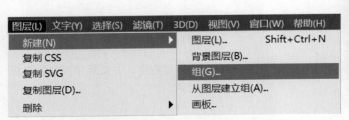

图4-1-23 用新建图层命令创建新组

图4-1-24 按照级次关系新建图层组

4.1.8 恢复操作及"历史记录"面板

在绘制和编辑图像的过程中，经常会错误地执行一个步骤或者对制作的一系列效果不满意，并且希望恢复到前一步或原来的图像效果时，就要用到恢复操作命令。

（1）使用命令。执行"编辑"—"还原"命令，或按下 Ctrl+Z 组合键，可以将图像恢复到上一步操作（智能返回一步）。如果想还原图像到恢复前的效果，再次按 Ctrl+Z 组合键即可。返回多个步骤需要按住 Ctrl+Alt+Z 组合键。

（2）"历史记录"面板。在编辑图像的过程中，有时需要将操作恢复到某一个阶段。"历史记录"面板可以将进行过多次处理操作的图像恢复到任一步操作前的状态，其系统默认值恢复 20 次及 20 次以内的所有操作，如果计算机的内存足够大，可以通过选择执行"编辑"—"首选项"—"性能"命令，将"历史记录状态"设置得更大一些。

执行"窗口"—"历史记录"命令，弹出"历史记录"面板，如图 4-1-25 所示。在控制面板下方的按钮由左至右依次为"从当前状态创建新文档"按钮、"创建新快照"按钮和"删除当前状态"按钮。单击控制面板右上方的图标，系统将弹出"历史记录"面板的下拉命令菜单，如图 4-1-26 所示。

图 4-1-25 "历史记录"面板

图 4-1-26 "历史记录"面板下拉命令菜单

在"历史记录"面板中单击记录过程中的任意一个操作步骤，图像就会恢复到该画面的效果。执行"历史记录"面板下拉菜单中的"前进一步"命令或按 Ctrl+Shift+Z 组合键，可以向下移动一个操作步骤，执行"后退一步"命令或按下 Ctrl+Alt+Z 组合键，可以向上移动一个操作步骤。

"历史记录"面板中选择"创建新快照"按钮，可以将当前的图像保存为新快照，新快照可以在"历史记录"面板中的历史记录被清除后对图像进行恢复。在"历史记录"面板中选择"从当前状态创建新文档"按钮，可以为当前状态的图像或快照复制一个新的图像文件。在"历史记录"面板中单击"删除当前状态"按钮，可以对当前状态的图像或快照进行删除。

在"历史记录"面板的默认状态下，单击记录过程中的任意一个操作步骤后进行图像的新操作，那么中间操作步骤后的所有记录步骤都会被删除。

任务4.2 图层混合模式的运用

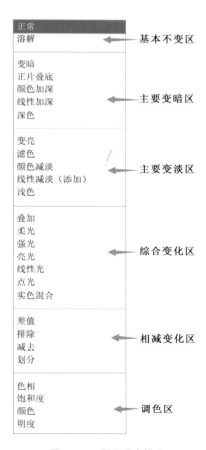

图 4-2-1 图层混合模式

知识要点：27 个图层混合模式的理解及应用。

"图层的混合模式"命令可以为图层添加不同的模式，使图层产生不同的效果。在"图层"面板中，下拉菜单用于设定图层的混合模式。其包含 27 种模式，可以分割为 6 个组，如图 4-2-1 所示。

范例：打开两幅图像，分别如图 4-2-2 和图 4-2-3 所示，在"图层"面板中的效果如图 4-2-4 所示；在这两幅图像中调整图像的混合模式，来介绍各效果的作用。

图 4-2-2　素材（一）　　　　图 4-2-3　素材（二）　　　　图 4-2-4　"图层"面板的效果

4.2.1　基本不变区

比较简单的一组，该组图层混合模式的混合效果主要受混合层透明度的影响。

"正常"模式是 Photoshop 中的默认模式，不透明度为 100%，上下图层不产生混合。不透明度小于 100%，上层图层呈现透明效果，显示下层的像素，如图 4-2-5 所示。

"溶解"模式，不透明度为 100%，上下图层不产生混合；不透明度小于 100%，上层图层随机添加杂点像素效果，并且可以发现，透明度越大，杂点效果越明显，如图 4-2-6 所示。

图 4-2-5　"正常"模式　　　图 4-2-6　"溶解"模式

4.2.2　主要变暗区

主要变暗区组图层混合模式整体有让图像变暗的视觉效果，因为结果色总是较暗色，所以该组图层的混合层与黑色基层混合为黑色，与白色混合为本身色，不产生效果。变暗组按照 Photoshop "图层"面板中从上到下的顺序，混合得到的结果色越来越暗。效果如图 4-2-7 至图 4-2-11 所示。

"变暗"：用下层暗色替换上层亮色；

"正片叠底"：除白色外的区域都会变暗；

"颜色加深"：加强深色区域；

"线性加深"：与正片叠底相同，但变得更暗更深；

"深色"：同变暗，但是能清楚地找出 2 层替换的区域。

图 4-2-7　变暗　　　　图 4-2-8　正片叠底

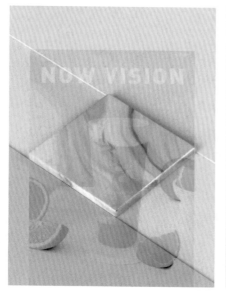

图 4-2-9　颜色加深　　　　　　图 4-2-10　线性加深　　　　　　图 4-2-11　深色

4.2.3　主要变淡区

　　主要变淡区组图层混合模式整体有让图像变亮的视觉效果，值得注意的是，该组图层的混合层与白色基层混合为白色，不产生效果；与黑色混合为本身色。和主要变暗区正好相反。效果如图 4-2-12 至图 4-2-16 所示。

　　"变亮"：与变暗完全相反；

　　"滤色"：与正片叠底完全相反（产生提亮效果）；

　　"颜色减淡"：与颜色加深完全相反（提亮后对比度效果好）；

　　"线性减淡（添加）"：与线性加深完全相反，与滤色相似（比滤色对比度效果好）；

　　"浅色"：与深色完全相反，与变亮相似，能清楚地找出颜色变化区域。

图 4-2-12　变亮

图 4-2-13　滤色　　　　　图 4-2-14　颜色减淡　　　　图 4-2-15　线性减淡（添加）　　　　图 4-2-16　浅色

4.2.4 综合变化区

综合变化区综合了加深和减淡模式的特点，在进行混合时 50% 的灰色会完全消失，任何亮于 50% 的灰色区域都可能加亮下面的图像，而暗于 50% 的灰色区域都可能使底层图像变暗，从而提高图像对比度。效果如图 4-2-17 至图 4-2-23 所示。

"叠加"：在底层像素上叠加，保留上层对比度；

"柔光"：可能变亮也可能变暗，如果混合色比 50% 灰度亮就变亮；反之亦然；

"强光"：可以添加高光，也可以添加暗调（达到正片叠底和滤色的效果），取决于上层颜色；

"亮光"：饱和度更高，增强对比（达到颜色加深和颜色减淡的效果）；

"线性光"：可以提高和减淡亮度来改变颜色深浅，可以使很多区域产生纯黑白（相当于线性减淡和线性加深）；

"点光"：会产生 50% 的灰度（相当于变亮和变暗的组合）；

"实色混合"：增加颜色的饱和度，使图像产生色调分离的效果。

图 4-2-17 叠加

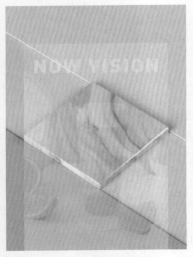

图 4-2-18 柔光

图 4-2-19 强光

图 4-2-20 亮光

图 4-2-21 线性光

图 4-2-22 点光

图 4-2-23 实色混合

4.2.5 相减变化区

相减变化区可以比较当前图像和底层图像，将相同的区域显示为黑色，不同的区域显示为灰度层次或色彩。效果如图 4-2-24 至图 4-2-27 所示。

"差值"：混合色中白色产生反相，黑色接近底层色，原理是从上层减去混合色；

"排除"：与差值相似，但更柔和；

"减去"：混合色与上层色相同，显示为黑色，混合色为白色，也显示黑色，混合色为黑色，显示上层原色；

"划分"：如果混合色与基色相同则结果色为白色，如果混合色为白色则结果色为基色，如果混合色为黑色则结果色为白色（颜色对比十分强烈）。

图 4-2-24　差值　　　　　图 4-2-25　排除　　　　　图 4-2-26　减去　　　　　图 4-2-27　划分

4.2.6 调色区

图像色彩的三要素包括色相、饱和度和明度，使用色彩型混合模式时就会将三要素中的一种或两种应用到图像中，从而混合图层色彩，如图 4-2-28 至图 4-2-31 所示。

"色相"：用混合色替换上层颜色，上层轮廓不变，达到换色的效果；

"饱和度"：用上层图像的饱和度替换下层，下层的色相和明度不变；

"颜色"：用上层的色相和饱和度替换下层，下层的明度不变，常用于着色；

"明度"：用上层的明度替换下层，下层的色相和饱和度不变。

图 4-2-28　色相　　　　　图 4-2-29　饱和度　　　　　图 4-2-30　颜色　　　　　图 4-2-31　明度

案例实战——改变人物衣服图案

　　将一幅穿着纯色衣服的人物图像，通过设置图层混合模式，改变人物的衣服图案。让衣服变得更加丰富，具体操作步骤请扫二维码查看。素材如图 4-2-32 所示，效果如图 4-2-33 所示。

视频：案例实战——改变人物衣服图案

案例实战——改变人物衣服图案（需扫二维码查看具体步骤）

图 4-2-32　素材　　　　　　　　　　图 4-2-33　效果

案例实战——合成风景画

　　将几幅风景图片，利用所学的知识进行合成，创作一幅新的风景图。
　　素材如图 4-2-34 至图 4-2-36 所示，效果如图 4-2-37 所示。

视频：案例实战——合成新风景画

图 4-2-34　素材（一）　　　　　　　　　图 4-2-35　素材（二）

图 4-2-36　素材（三）　　　　　　　　　图 4-2-37　效果

具体操作步骤如下：

步骤 1　打开图像。

打开风景素材文件，按下 Ctrl+O 组合键或者直接拖进来窗口。

步骤 2　涂擦多余的图案。

使用"矩形选框工具"，然后执行"编辑"—"内容识别填充"—"确定"命令，如图 4-2-38、图 4-2-39 所示。

步骤 3　拖入风景素材并调整大小。

使用"移动工具" 将图 4-2-34 所示的素材拖入图 4-2-39 中，如图 4-2-40 所示。按下 Ctrl+T 组合键显示定界框，按住鼠标左键拖曳，让图像等比例缩小到合适尺寸，将"图层 1"的混合模式设置为"滤色"，如图 4-2-41、图 4-2-42 所示。

图 4-2-38　涂擦图案

图 4-2-39　擦后效果

图 4-2-40　将素材（一）拖入

图 4-2-41　"滤色"模式

图 4-2-42　滤色效果

步骤 4　拖入风景素材并调整大小。

使用"移动工具" 将图 4-2-35 所示的素材拖入图 4-2-39 中，如图 4-2-43 所示。按住 Ctrl+T 组合键显示定界框，按住鼠标左键拖曳，让图像等比例缩小到合适尺寸，将"图层 1"的混合模式设置为"正片叠底"，效果如图 4-2-44 至图 4-2-47 所示。

图 4-2-43 将素材（二）拖入　　　　　　　　　　　图 4-2-44 等比例缩小

图 4-2-45 正片叠底　　　　　　图 4-2-46 "正片叠底"效果　　　　　图 4-2-47 选中水的部分

步骤 5　调整风景素材。

使用"橡皮擦工具"，在工具选项栏中把"不透明度"设置为 50 左右，在图层 2 上把上方边缘白线和中间多余的虚山涂抹掉。然后用"多边形套索工具"选中水的部分，如图 4-2-48 所示。将选中的部分按下 Ctrl+J 组合键复制一个图层，将混合模式改为"正片叠底"，如图 4-2-49 所示。

步骤 6　调整草地。

按住 Ctrl+J 组合键复制一个空白图层，然后选择"仿制图章工具"调整笔刷的相关参数，如图 4-2-49 所示。在使用画笔过程中样本选择"所有图层"，可以根据情况调整仿制图章源点的位置大小，如绘制错误可以使用"橡皮擦工具"擦除。最终效果如图 4-2-50 所示。

图 4-2-48 风景素材调整　　　　图 4-2-49 调整笔刷的相关系数　　　　图 4-2-50 最终效果

任务4.3 图层样式的运用

知识要点："图层样式"面板的基本操作、图层样式种类的区分及应用。

在 Photoshop CC 2020 中可以使用"样式"面板及"图层样式"保存各种图层特效，并将它们快速地套用在需要编辑的对象中，可以节省操作步骤和操作时间，2020 版本更新了以前很多没有的样式。

范例："样式"面板。

执行"窗口"—"样式"命令，弹出如图 4-3-1 所示的对话框。

在"图层"面板中选中需要添加样式的图层，添加样式前的效果如图 4-3-2 所示。在"样式"面板中选中需要添加的样式，如图 4-3-3 所示。图像添加样式后的效果如图 4-3-4 所示。

图 4-3-1 "样式"面板　　图 4-3-2 添加样式前的效果　　图 4-3-3 选中添加的样式　　图 4-3-4 添加样式后的效果

4.3.1 "图层样式"面板的基本操作

1. 建立新样式

如果在"样式"面板中没有需要的样式，那么可以建立新的样式，方法如下：

执行"图层"—"图层样式"—"混合选项"命令，弹出"图层样式"对话框，如图 4-3-5 所示。在对话框中单击"样式"按钮，可设置样式效果。单击"新建样式"按钮，可打开"新建样式"对话框，如图 4-3-6 所示。在对话框中，勾选"包含图层效果"复选框表示将特效添加到样式;勾选"包含图层混合选项"复选框表示将图层混合选项添加到样式中。单击"确定"按钮,新建样式被添加到"样式"面板中,如图4-3-7所示。

2. 载入样式

Photoshop CC 2020 提供了一些样式库,可以根据需要将其载入"样式"面板中。载入样式的方法如下:

单击"样式"面板右上方的图标,在弹出式菜单中选择需要载入的样式,如图4-3-8所示。样式则被载入"样式"面板,如图4-3-9所示。

3. 删除样式

删除样式命令用于删除"样式"面板中的样式。其方法是:将要删除的样式直接拖曳到"样式"面板下方的"删除样式"按钮上,即可完成删除。

图 4-3-5　"图层样式"对话框

图 4-3-6　"新建样式"名称

图 4-3-7　"样式"面板

图 4-3-8　载入样式菜单

图 4-3-9　样式被载入

4.3.2　图层样式的打开方式

Photoshop CC 2020 可以单独为图像添加一种或多种图层样式。

有多种方法启用图层样式：

单击"图层"面板下方的"添加图层样式"按钮，弹出菜单命令，如图 4-3-10 所示，可以在菜单中选择"混合选项"选项，弹出"图层样式"对话框；也可以直接选择常用的图层样式，进行单击，图层将显示所添加的图层样式，如图 4-3-11 所示。

双击"图层"弹出"图层样式"对话框，如图 4-3-12 所示；此时对话框用于对当前图层进行特殊效果处理，单击对话框左侧的任意选项，将弹出相应的效果对话框。

图 4-3-10　菜单命令

图 4-3-11　显示所添加的图层样式

图 4-3-12　"图层样式"对话框

4.3.3　图层样式的种类

（1）"斜面和浮雕"命令用于使图像产生一种斜面与浮雕效果，如图 4-3-13 所示。

（2）"描边"命令就是用指定颜色沿着层中非透明部分的边缘描边，如图 4-3-14 所示。

　（a）　　　　　　　　　　　　（b）

图 4-3-13　斜面和浮雕效果

（a）原图；（b）效果

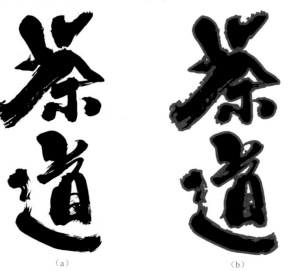

　（a）　　　　　　　　　　　　（b）

图 4-3-14　描边效果

（a）原图；（b）效果

（3）"内阴影"命令用于在对象、文本或形状的内边缘添加阴影，让图层产生一种凹陷外观，对文本对象效果更佳，如图 4-3-15 所示。

（4）"内发光"命令用于在图像的边缘内侧产生一圈光源效果，如图 4-3-16 所示。

（a）

（b）

图 4-3-15　内阴影效果

（a）原图；（b）效果

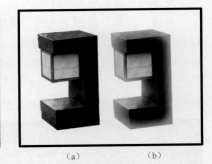
（a）　　　　　　（b）

图 4-3-16　内发光效果

（a）原图；（b）效果

（5）"光泽"命令用于在层的上方添加一个光泽效果。另外，光泽效果还与图层的轮廓相关，即使参数设置完全一样，不同内容的层添加光泽样式之后产生的效果完全不同，如图 4-3-17 所示。

（6）"颜色叠加"命令用于对图像着色，如图 4-3-18 所示。

（a）　　　　　　　　　　（b）

图 4-3-17　光泽效果

（a）原图；（b）效果

（a）　　　　　　（b）

图 4-3-18　颜色叠加效果

（a）原图；（b）效果

（7）"渐变叠加"命令用于在图层对象上叠加一种渐变颜色，即用一层渐变颜色填充到应用样式的对象上。通过"渐变编辑器"还可以选择使用其他的渐变颜色，如图 4-3-19 所示。

（8）"叠加图案"命令用于在图层对象上叠加图案，即用一致的重复图案填充对象，从"图案拾色器"还可以选择其他的图案，如图 4-3-20 所示。

（9）"外发光"命令用于从图层对象、文本或形状的边缘向外添加发光效果。设置参数可以让对象、文本或形状更精美，如图 4-3-21 所示。

（10）"投影"命令用于为图层上的对象、文本或形状添加阴影效果，如图 4-3-22 所示。

图 4-3-19　渐变叠加效果

（a）原图；（b）效果

图 4-3-20　叠加图案效果

（a）原图；（b）效果

图 4-3-21　外发光效果

（a）原图；（b）效果

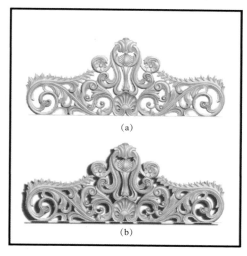

图 4-3-22　投影效果

（a）原图；（b）效果

案例实战——制作"斜面和浮雕"效果

　　"斜面和浮雕"命令用于使图像产生一种斜面和浮雕效果。通过设置图层样式模式，制作出立体的图像。让图案更有立体感，具体操作步骤请扫二维码查看。素材如图 4-3-23 所示，效果如图 4-3-24 所示。

图 4-3-23　素材

图 4-3-24　效果

视频：案例实战——制作"斜面和浮雕"效果

案例实战——制作"斜面和浮雕"效果（需扫码查看具体步骤）

任务4.4　填充与调整图层的运用及图层的其他操作方法

知识要点：理解及应用填充图层和调整图层、复合图层、盖印图层、智能对象图层、对齐和分布图层。

4.4.1　填充图层

当需要新建填充图层时，有两种方法：第一种，可以在菜单栏中执行"图层"—"新建填充图层"命令；第二种，单击"图层"面板中的"创建新的填充和调整图层"按钮。填充图层有 3 种方式，分别为纯色、渐变、图案。选择不同填充方式将弹出不同的填充对话框。以"渐变填充"为例，弹出如图 4-4-1 所示的对话框。单击"确定"按钮，"图层"面板和图像效果如图 4-4-2、图 4-4-3 所示。

图 4-4-1　"渐变填充"对话框

图 4-4-2　"图层"面板

图 4-4-3　图像效果

4.4.2　调整图层

当需要对一个或多个图层进行色彩调整时，可以新建调整图层。新建调整图层方法如下：

执行"图层"—"新建调整图层"命令，或单击"图层"面板中的"创建新的填充和调整图层"按钮，弹出调整图层色彩的多种方式，如图 4-4-4 所示。

选择不同的色彩调整方式，将弹出不同的色彩调整对话框，以"色阶"为例，如图 4-4-5 所示进行调整，按Enter 键确认操作，"图层"面板和图像效果如图 4-4-6 和图 4-4-7 所示。

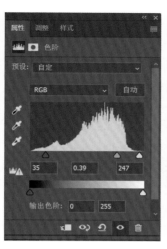

图 4-4-4　调整　　　　图 4-4-5　调整色阶　　　　　图 4-4-6　"图层"面板　　　　图 4-4-7　图像效果
图层色彩的方式

4.4.3　复合图层

　　将同一文件中不同的图层效果组合并另存为多个"图层复合"，这样，在处理图像的过程中，可以在"图层复合"面板中调用已存储的"图层复合"，快捷地对不同的"图层复合"效果进行比对。

　　1．"图层复合"与"图层复合"面板

　　"图层复合"面板可将同一文件中的不同图层效果组合并另存为多个"图层效果组合"，可以更加方便快捷地展示和比较不同图层组合设计的视觉效果。

　　设计好的图像效果如图 4-4-8 所示，"图层"面板中的效果如图 4-4-9 所示。执行"窗口"—"图层复合"命令，弹出"图层复合"面板，如图 4-4-10 所示。

图 4-4-8　设计好的图像效果

图 4-4-9　"图层"面板

图 4-4-10　"图层复合"面板

2．创建图层复合

单击"图层复合"面板右上方的图标，在弹出式菜单中选择"新建图层复合"命令，弹出"新建图层复合"对话框，如图 4-4-11 所示，单击"确定"按钮，所建立"图层复合 1"中存储的是修饰编辑前的制作效果，如图 4-4-12 所示。

3．应用和查看图层复合

对图像进行修饰编辑后，图像效果如图 4-4-13 所示，"图层"面板如图 4-4-14 所示。选择"新建图层复合"命令，建立"图层复合 2"，如图 4-4-15 所示，所建立的"图层复合 2"中存储的是修饰编辑后的制作效果。

4．导出图层复合

在"图层复合"面板中，单击"图层复合 1"左侧的方框，显示图标，如图 4-4-16 所示，可以观察"图层复合 1"中的图像，效果如图 4-4-17 所示。单击"图层复合 2"左侧的方框，显示图标，如图 4-4-18 所示，可以观察"图层复合 2"中的图像，效果如图 4-4-19 所示。

单击"应用选中的上一图层复合"按钮和"应用选中的下一图层复合"按钮，可以快速地对两次图像编辑效果进行比较。

图 4-4-13　修饰编辑效果

图 4-4-11　"新建图层复合"对话框

图 4-4-14　"图层"面板

图 4-4-12　"图层复合 1"

图 4-4-15　"图层复合 2"

图 4-4-16　"图层复合 1"中图像

图 4-4-17　"图层复合 1"效果

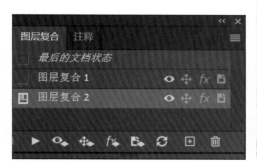

图 4-4-18　"图层复合 2"中图像

图 4-4-19　"图层复合 2"效果

4.4.4　盖印图层

盖印图层是一种特殊的合并图层的方法，将多个图层中的图像内容合并为一个图层，同时保持其他图层不受影响。

在"图层"面板中选中多个图层，如图 4-4-20 所示，按 Ctrl+Alt+Shift+E 组合键，将每个图层中图像复制并合并到一个新的图层中，如图 4-4-21 所示。

提示：在执行此操作时，必须选择一个可见的图层，否则将无法实现此操作。

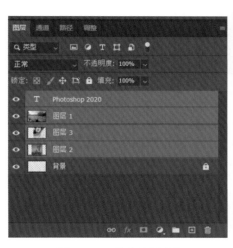

图 4-4-20　选中多个图层

图 4-4-21　图层合并

4.4.5　智能对象图层

智能对象全称为智能对象图层。智能对象可以将一个或多个图层，甚至是一个矢量图形文件包含在 Photoshop 文件中。以智能对象形式嵌入 Photoshop 文件中的位图或矢量文件，与当前的 Photoshop 文件能够保持相对的独立性。当对 Photoshop 文件进行修改或对智能对象进行变形、旋转时，不会影响嵌入的位图或矢量文件。

创建智能对象有以下几种方法。

（1）使用置入命令：执行"文件"—"置入嵌入对象"命令，为当前的图像文件置入一个矢量文件或位图文件。

（2）使用转换为智能对象命令：选中一个或多个图层后，执行"图层"—"智能对象"—"转换为智能对象"命令，可以将选中的图层转换为智能对象图层。

（3）使用粘贴命令：在 Illustrator 软件中对矢量对象进行复制，再回到 Photoshop 软件中将复制的对象进行粘贴。

编辑智能对象的方法如下：

（1）智能对象及"图层"面板中的效果如图 4-4-22、图 4-4-23 所示。

（2）双击"文字和图案"图层的缩览图，Photoshop 将打开一个新文件，即智能对象"文字和图案"，如图 4-4-24 所示。此智能对象文件包含多个普通图层和多个文字图层，如图 4-4-25 所示。

图 4-4-22　智能对象

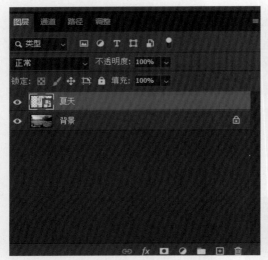

图 4-4-23　"图层"控制面板中的效果

图 4-4-24　"文字和图案"

图 4-4-25　智能对象文件的内容

4.4.6　对齐和分布图层

1．对齐图层

在实际设计工作中，经常需要调整图像中元素的位置，虽然使用"移动工具"也可以调整元素的位置，但不是很精确。要精确对齐或均匀分布这些元素，往往需要网格和参考线等辅助工具的配合，假如对齐和分布的元素很多，这样做很琐碎，也很费时。而图层中的对齐和分布功能，使得图像元素的对齐和分布变得非常容易。

通过执行"图层"—"对齐"命令来实现对方图层。首先将各图层链接起来，然后执行"图层"—"对齐"命令，在其后的子菜单中可选择不同的对齐命令，分别为"顶边""垂直居中""底边""左边""水平居中"和"右边"，如图 4-4-26 所示。"分布"命令后面的子菜单中也有类似的命令，如图 4-4-27 所示。

最直接的对齐和分布方式是在"移动工具"选项栏中进行设定，以上所提到的所有子菜单项目都可以通过单击选项栏中的各种对齐和分布按钮来实现，如图 4-4-28 所示。

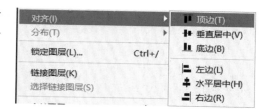

图 4-4-26 对齐分类

图 4-4-27 "分布"中的对齐命令

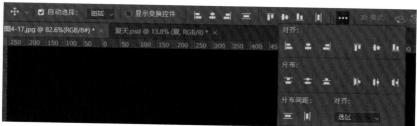

图 4-4-28 各种对齐和分布按钮

2. 分布图层

选择工具箱中的"移动工具"，在选项栏中执行相应的"分布"命令，可均匀分布图层。选项栏中各"分布"命令的含义如下：

单击"顶边"按钮 ，将从每个图层的顶端像素开始，间隔均匀地分布图层。

单击"垂直居中"按钮 ，将从每个图层的垂直中心像素开始，间隔均匀地分布图层。

单击"底边"按钮 ，将从每个图层的底端像素开始，间隔均匀地分布图层。

单击"左边"按钮 ，将从每个图层的左端像素开始，间隔均匀地分布图层。

单击"水平居中"按钮 ，将从每个图层的水平中心开始，间隔均匀地分布图层。

单击"右边"按钮 ，将从每个图层的右端像素开始，间隔均匀地分布图层。

提示：对齐和分布命令只对图像中不透明度大于 50% 的像素起作用。注意是图层中所含像素的不透明度，而不是图层的不透明度。

如图 4-4-29 所示，3 个物体分别在 3 个图层上，在"图层"面板中将 3 个图层链接起来，然后执行"图层"—"对齐"—"水平居中"和"图层"—"对齐"—"垂直居中"命令，其结果如图 4-4-30 所示；在执行各项对齐和分布命令时，要以选中的图层为基准进行。

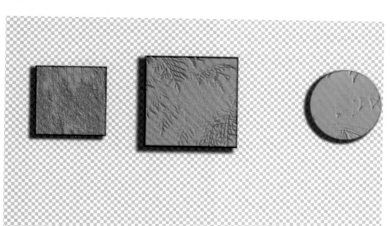

图 4-4-29 原图

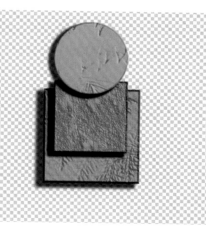

图 4-4-30 对齐和分布效果

通道、蒙版、滤镜的应用

任务5.1　通道的应用

知识要点：利用通道建立选区、色彩调整、提取素材。

运用"通道"面板中的工具可以对图像进行色彩观察、素材提取等操作。例如，快速提取边缘不明显的素材或色彩内容，并进行调整与编辑。

5.1.1　通道的分类

通道的分类有三种，分别为主通道、专色通道和 Alpha 通道。主通道是根据图像本身颜色模式所创建的颜色通道与数目；专色通道是用户自己添加的颜色通道；Alpha 通道是记录选区范围、选区位置和选区像素透明度的通道。

5.1.2　主通道的应用

在新建文档时，如图 5-1-1 所示，颜色模式选择"RGB 颜色"，默认通道（主通道）则会有四个，一个为编辑图像的复合通道"RGB"通道，以及红色、绿色和蓝色各有一个的"红"通道、"绿"通道和"蓝"通道，如图 5-1-2 所示。

在新建文档时，如图 5-1-3 所示，颜色模式选择"CMYK 颜色"所创

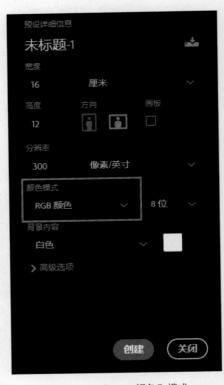

图 5-1-1　"RGB 颜色"模式

建的文档，默认通道则（主通道）会有四个，一个为编辑图像的复合通道"CMYK"通道，以及青色、洋红、黄色、黑色各有一个的"青色"通道、"洋红"通道、"黄色"通道和"黑色"通道，如图 5-1-4 所示。

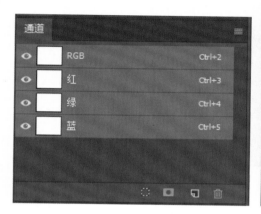

图 5-1-2　RGB 通道

图 5-1-3　"CMYK 颜色"模式

图 5-1-4　CMYK 通道

范例：打开一幅图像，单独单击"通道"面板内的各个主通道，可以观察到图像内各个颜色的分布情况，如图 5-1-5 所示。

图 5-1-5　各通道颜色分布

5.1.3　专色通道的应用

单击"通道"面板右上角■图标，在扩展菜单中选择"新建专色通道"，即可以创建新的专色通道，如图 5-1-6 所示。新添加的专色通道缩略图一般为白色，选中"专色通道"，并在通道中选区范围内填充黑色，则显示为该通道所设定的颜色，如图 5-1-7 所示。

图 5-1-6　新建专色通道

图 5-1-7　通道显示颜色

5.1.4　Alpha通道的应用

　　单击"通道"面板中的"创建新通道"按钮，如图 5-1-8 所示，得到新的通道"Alpha 1"，在"Alpha 1"通道中建立选区并填充颜色，选区范围、选区位置及选区像素透明度信息都可以被保留下来，如图 5-1-8 所示。也可以在图层中建立选区后，执行"选择"—"储存选区"命令，将该选区建立为一个单独的 Alpha 通道储存在文档中，如图 5-1-9 所示。

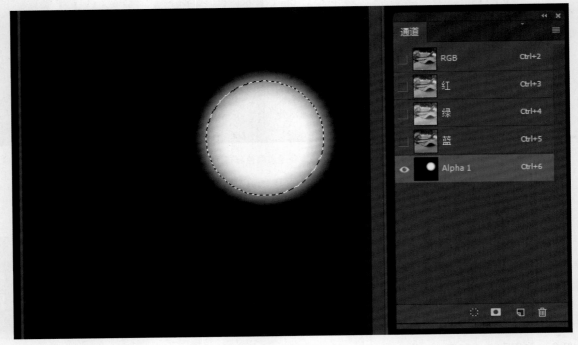

图 5-1-8　创建新通道

图 5-1-9　存储选区

任务5.2　蒙版的应用

知识要点：图层蒙版、矢量蒙版和剪贴蒙版的应用。

运用"蒙版工具"可以对图像素材进行全部或局部的遮盖。蒙版中黑色区域为保护区域，编辑时不受影响，图像显示为完全透明；蒙版中白色区域为选区，图像显示为不透明；灰色区域代表半透明区域，根据颜色的灰度显示不透明度。

5.2.1　蒙版的分类

蒙版的分类有三种，即图层蒙版、矢量蒙版和剪贴蒙版。图层蒙版是在"图层"面板中，对某一个图层添加图层蒙版；矢量蒙版是运用"形状工具"或"钢笔工具"创建矢量图，进而改变为蒙版的遮盖区域，可以对矢量图形进行形状修改和大小缩放；剪贴蒙版是使用下一图层的图像控制上一图层显示的图像效果。

5.2.2　图层蒙版的应用

选择对应图层，单击"图层"面板中 即可添加图层蒙版，如图 5-2-1 所示。单击"图层"面板中 添加填充或调整图层，可通过图层蒙版形式制作填充效果或调整效果，添加填充或调整图层如图 5-2-2 所示。

范例：打开两张范例素材，并把风景照放置在相框文件中，选择背景图层，运用"魔棒工具"单击画框中心白色区域建立选区，如图 5-2-3 所示。选择"图层 2"，打开图层可见性，单击"图层"面板中 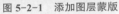 为"图层 2"图层添加图层蒙版，如图 5-2-4 所示。

单击"图层 2"蒙版链接 ，关闭图层素材与蒙版的关联，单击"图层 2"图层缩览图，按 Ctrl+T 组合键进入自由变换编辑，对照片图像进行缩放变换，如图 5-2-5 所示。按 Shift 键进行等比例缩放，调整到合适大小，按 Enter 键提交变换即可，如图 5-2-6 所示。

图 5-2-1　添加图层蒙版

图 5-2-2　添加填充或调整图层

图 5-2-3　建立选区

图 5-2-4　添加图层蒙版

图 5-2-5　缩放变换

图 5-2-6　效果

5.2.3 矢量蒙版的应用

运用"钢笔工具"创建工作路径并闭合路径，如图 5-2-7 所示。选择对应图层，执行"图层"—"矢量蒙版"—"当前路径"命令即可为该图层创建一个矢量蒙版，如图 5-2-8 所示。

图 5-2-7　创建并闭合工作路径

图 5-2-8　创建矢量蒙版

5.2.4 剪切蒙版的应用

在"图层"面板中选择对应图层，单击右键选择"创建剪切蒙版"，如图 5-2-9 所示，即可得到下一层图层形状对上一层图层形状的剪切蒙版效果，如图 5-2-10 所示。对已创建剪切蒙版的图层，单击右键选择"停用剪切蒙版"即可取消剪切蒙版效果。

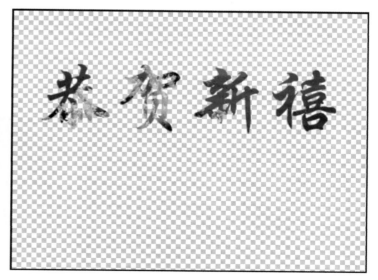

图 5-2-9　创建剪切蒙版

图 5-2-10　剪切蒙版效果

小技巧：制作剪切蒙版时，可将鼠标移动到两个图层之间，按Alt键+鼠标左键即可创建剪切蒙版。

任务5.3　滤镜的功能

知识要点： 熟悉滤镜库及了解常用滤镜的使用方法。

滤镜是为图片制作各种特殊效果的一个工具，一种主要用于制作特殊的图像效果，如波浪、手工画、像素化等艺术效果；另一种主要用于编辑图像，如减少图像杂色、提高清晰度等画面效果。

5.3.1　滤镜库的使用方法

打开素材图像，选择对应图层，执行"滤镜"—"滤镜库…"命令，即可以打开滤镜库窗口。制作好滤镜效果后单击"确定"按钮退出滤镜库窗口（图5-3-1），完成制作。

图 5-3-1　滤镜库窗口

（1）"滤镜参数调整"面板：用于滤镜效果的各种参数调整，参数不同可制作出不同滤镜效果，如图5-3-2所示。

图 5-3-2　"滤镜参数调整"面板

（2）"滤镜分类"面板：用于滤镜效果的分类与选择。大分类有"风格化""画笔描边""扭曲""素描""纹理"和"艺术效果"，每个大分类展开后还有若干个滤镜效果。单击相应滤镜效果即可以在图像预览框中显示相应效果，如图 5-3-3 所示。

（3）图像预览：预览显示当前图像的滤镜效果。

（4）显示尺寸：单击回回按钮可调整滤镜窗口中图像预览显示的比例大小，如图 5-3-4 所示。

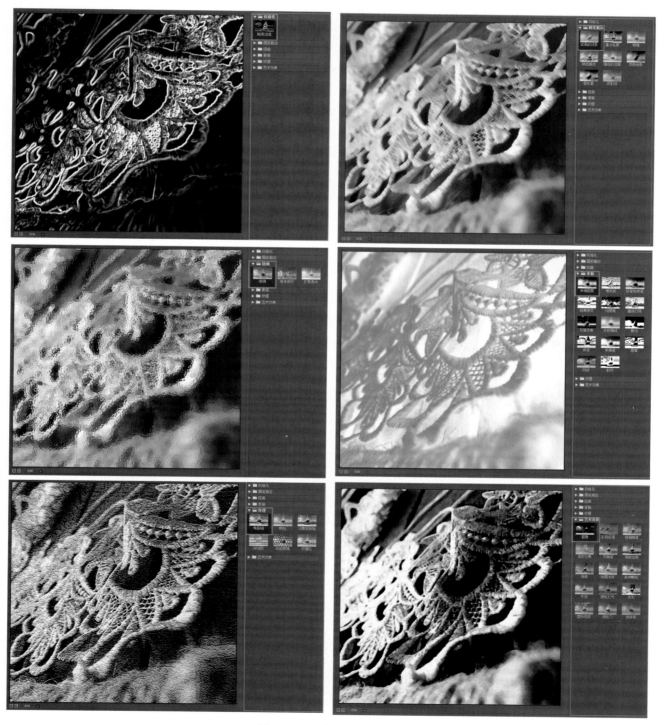

图 5-3-3　"滤镜分类"面板

图 5-3-4　图像预览显示的比例大小

5.3.2　液化的使用方法

打开素材图像，选择对应图层，执行"滤镜"—"液化…"命令即可以打开液化窗口。制作好液化效果后单击"确定"按钮退出液化窗口（图 5-3-5），完成制作。

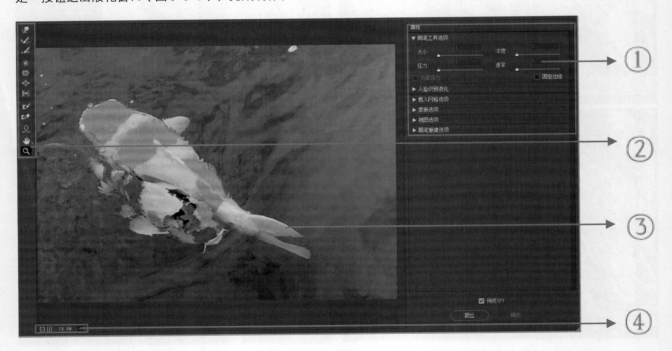

图 5-3-5　液化窗口

具体操作步骤如下：

步骤 1 运用"通道工具"创建选区。

打开素材文件，选择"图层 1"图层，打开"通道"面板，选择红色通道，单击红色通道拖曳至 ⬛ 获得红色通道复制图层，如图 5-3-22 所示。

步骤 2 调整通道。

选择"红拷贝"通道层，按下 Ctrl+L 组合键打开"色阶工具"，移动滑块调整色彩范围，如图 5-3-23 所示，调整完成后单击"确定"按钮退出"色阶工具"。

步骤 3 载入通道选区。

选择"红拷贝"通道层，单击 ⬚ 载入选区，如图 5-3-24 所示。载入后单击"RGB"通道层，返回"图层"面板，选择对应图层，如图 5-3-25 所示。

步骤 4 创建调整图层。

单击"图层"面板中 ◐，执行"色相/饱和度…"命令，即可得到对应通道选区蒙版的调整图层，如图 5-3-26 所示。调整图层属性中，"色相"输入"-14"，"饱和度"输入"-4"，"明度"输入"0"，即可获得色彩调整效果，如图 5-3-27 所示。

图 5-3-22 用"通道工具"创建图层

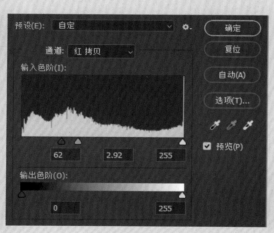

图 5-3-23 调整通道

图 5-3-24 载入选区

图 5-3-25 选择对应图层

图 5-3-26 蒙版的调整图层

图 5-3-27 色彩调整效果

步骤5 调整图层处理画面效果。

单击"图层"面板中 ，执行"色相/饱和度…"命令，单击蒙版缩览图，使用"油漆桶工具"在蒙版内填充黑色，如图5-3-28所示。选择"套索工具"，将地面部分建立选区，单击鼠标右键选择"羽化"输入"20"像素，选择"油漆桶工具"，在选区范围内填充白色，如图5-3-29所示。再单击图层缩览图，设置调整图层属性，"色相"输入"-5"，"饱和度"输入"-15"，"明度"输入"-25"，即可完成设置，如图5-3-30所示。

图5-3-28 填充黑色　　　　　　　图5-3-29 填充白色　　　　　　图5-3-30 完成图层效果

案例实战——制作油画效果

将数码照片制作成手工绘画效果，主要使用"滤镜工具"和图层属性相互叠加完成。制作油画效果时主要制作出油画笔触的效果、油画颜料厚重的效果和西方传统油画中的光影效果，具体操作步骤请扫二维码查看。素材如图5-3-31所示，效果如图5-3-32所示。

视频：案例实战——制作油画效果

案例实战——制作油画效果（需扫码查看具体步骤）

图5-3-31 素材　　　　　　　　　图5-3-32 效果

室内外效果图的后期处理

本项目以室内外效果图后期处理为主线，以 Photoshop CC 2020 版本为主要工具，介绍处理室内外效果图的常用技术及操作技巧。

任务6.1 在3ds Max软件中渲染出彩色通道图

知识要点：在 3ds Max 渲染的成品图难免有出问题的时候，这些问题可能是因为材质没调好而导致成图异色或者是忘记给材质高光等。这个时候通过 Photoshop 后期处理是最高效的一种方式。渲染彩色通道图的目的是后期能够在 Photoshop 中快速建立选区，提高工作效率。接下来将介绍如何在 3ds Max 制作的时候利用"脚本工具"进行彩色通道图的渲染。

案例实战——制作彩色通道

利用脚本，在 3ds Max 里制作一张彩色通道图，TIFF 格式，并保留 Alpha 通道。

具体操作步骤请扫二维码查看。素材如图 6-1-1 所示，效果如图 6-1-2 所示。

图 6-1-1 素材

视频：案例实战——制作彩色通道

案例实战——制作彩色通道（需扫码查看具体操作步骤）

图 6-1-2　效果

任务6.2　效果图后期处理的基本流程

知识要点： 后期处理阶段是指在 3ds Max 中完成模型及灯光的制作，渲染输出位图后，用 Photoshop 对渲染的位图进行构图、色彩等方面的调整，以及在场景中适当的位置添加合适的配景素材等，使之成为一幅和谐"完美的"画面。本任务将通过一幅室内效果图的后期制作过程来介绍效果图后期处理的基本流程。

———— 案例实战——室内效果图常规后期处理 ————

利用彩色通道图，快捷地为卧室效果图进行选区的选择，并进行常规的后期处理。

从图 6-2-1 中不难看出，问题有：画面偏灰；墙面看起来灰、不白；筒灯处理简单，不符合现实物理现象；卧室应该是温馨的处所，所以床头背景墙应该是暖色的，现在呈现略冷。

下面运用 Photoshop 软件对该效果图场景进行后期处理。

具体操作步骤请扫二维码查看。素材如图 6-2-1 所示，效果如图 6-2-2 所示。

视频：案例实战——室内效果图常规后期处理

案例实战——室内效果图常规后期处理（需扫码查看具体操作步骤）

图 6-2-1　素材　　　　　　　图 6-2-2　效果

任务6.3　补救缺陷效果图

知识要点： 在效果图制作的前期阶段，除建模、灯光设置外，还有一个重要的环节，那就是材质的调配。材质的调配是一个非常繁杂的过程，只有将建筑模型调配最理想的材质，才能使建筑的质感更加真实，才能正确地表现出建筑本身所特有的肌理效果。因此，当遇到建筑材质处理得效果不理想时，一定要想办法及时补救，以免影响最终效果的表现。

以下的两个案例主要的问题在于灯光在材质上显示得过亮，吊顶上出现倒影等问题。

───── 案例实战——为一张有错误材质的室内卫生间效果图进行修补 ─────

具体操作步骤请扫二维码查看。素材如图 6-3-1 所示，效果如图 6-3-2 所示。

视频：为一张有错误材质的室内卫生间效果图进行修补

案例实战——为一张有错误材质的室内卫生间效果图进行修补（需扫二维码查看具体操作步骤）

图 6-3-1　素材　　　　　　　图 6-3-2　效果

───── 案例实战——室内卧室效果图美化 ─────

修复一张室内效果图，将原效果图瑕疵的地方进行美化，达到更好的效果。素材如图 6-3-3 所示，效果如图 6-3-4 所示。具体操作步骤请扫二维码查看。

视频：案例实战——室内卧室效果图美化

案例实战——室内卧室效果图美化（需扫码查看具体操作步骤）

图 6-3-3　素材　　　　　　　图 6-3-4　效果

任务6.4 配景素材的使用及处理方法

知识要点：在室内外建筑效果图表现中，如果要正确表现场景中所要达到的真实效果，就不能忽视背景、人物、花草、树木及水等配景的作用。这些配景虽然不是主题部分，但是能对场景效果起到一个协调的作用，它们处理得好坏与否，将直接影响整个效果图场景的最终效果。

案例实战——为一张会所效果图合成环境配景

要求有远景，有近景、人物。具体操作步骤请扫二维码查看。素材如图 6-4-1 所示，效果如图 6-4-2 所示。

视频：案例实战——为一张会所效果图合成环境配景

案例实战——为一张会所效果图合成环境配景（需扫码查看具体操作步骤）

图 6-4-1　素材　　　　　　图 6-4-2　效果

任务6.5 效果图的光效和色彩的处理

知识要点：室内外效果图在光效和色彩的处理方式及方法。

案例实战——客餐厅效果图调色及灯光合成处理

案例分析：完成此次案例训练需要注意以下知识要素：懂得分析和理解原效果图中存在什么问题（例如，明暗关系是否协调、图片颜色饱和度是否鲜艳、图片颜色是否偏色、图片中哪些局部素材表现不充分需要后期修补等）；素材修补或更换过程中要考虑比例关系、空间透视关系及色彩关系等；最终效果图整体色调需要协调统一。

视频：案例实战——客餐厅效果图调色及灯光合成处理

案例实战——客餐厅效果图调色及灯光合成处理（需扫码查看具体操作步骤）

使用 Photoshop CC 2020 软件完成客餐厅效果图调色及灯光合成处理，具体操作步骤请扫二维码查看。素材如图 6-5-1 所示，效果如图 6-5-2 所示。